RECHERCHES BOTANIQUES

FAITES DANS

# LE SUD-OUEST DE LA FRANCE

PAR

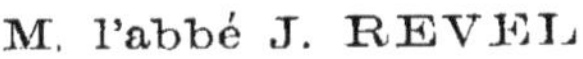

M. l'abbé J. REVEL

CHANOINE HONORAIRE DE RODEZ

Membre correspondant de la Société Linnéenne de Bordeaux.



(Extrait des ACTES de la Société Linnéenne de Bordeaux, t. XXV, 5e livraison)

BORDEAUX

CHEZ CODERC, DEGRÉTEAU ET POUJOL

(MAISON LAFARGUE)

Rue du Pas Saint-Georges, 28

1865

RECHERCHES BOTANIQUES

FAITES

# DANS LE SUD-OUEST DE LA FRANCE

1865

## INTRODUCTION

A partir du massif central de la France, les montagnes sont ordonnées, jusqu'à l'Océan, suivant une pente continue dont l'ensemble s'incline dans la direction du S.-O.; et les reliefs du sol convergent vers l'embouchure de la Gironde. Tous les cours d'eau de cette région sont, en effet, tributaires des bassins particuliers de la Garonne et de la Dordogne, qui s'unissent pour former celui de la Gironde.

Les circonscriptions purement départementales sont arbitraires : le naturaliste y est mal à l'aise. Il n'en est pas ainsi de la vaste contrée dont je viens d'indiquer la position. Elle a des limites vraiment naturelles, et voici les principaux points qui la circonscrivent :

Au Nord, la ligne de démarcation part de Royan, passe à Barbezieux, à Nontron, à Ussel, incline au N.-E. vers Mauriac, atteint le sommet du Puy-Mary, le Plomb-du-Cantal, et se dirige vers la Margeride par Saint-Flour. A l'Est, la limite est formée par une ligne descendant le long de la Margeride, et se dirigeant vers le mont Lozère, au-delà de Mende. Au Sud, elle passe non loin de Florac, traverse la cime décharnée de l'Aigoual, et suit la chaîne des Cévennes jusqu'à la source du Rance, près de Belmont, — formant la ligne de partage entre les eaux qui vont à la Méditerranée par l'Hérault et le Gard, et celles qui vont à l'Océan par le Tarn et ses affluents. Elle tourne au S.-O., suivant la direction du Rance, pour entrer dans la vallée du Tarn, au-dessous de Saint-

Sernin, jusqu'aux rives de la Garonne, qu'elle côtoie jusqu'à Agen. Là, elle quitte la vallée de la Garonne et va rejoindre la ligne de partage des eaux du bassin de l'Adour et de celui de la Gironde. Mais il me sera permis d'emprunter au premier de ces bassins une sorte de lisière ou d'appendice qui, pour tout botaniste voyageur, appartient si bien à la *banlieue de Bordeaux*, que son omission constituerait une lacune regrettable dans l'exposé des dépendances de la capitale de l'Aquitaine. Je ferai donc franchir les limites réelles par la ligne de circonscription périmétrique, et je conduirai celle-ci par Bazas, en ligne droite, vers le bassin d'Arcachon. A l'Ouest, la partie du rivage de l'Atlantique, située entre le cap Ferret et l'embouchure de la Gironde, remplacera ainsi la limite normale, et la ligne de circonscription rejoindra Royan, son point de départ.

Plusieurs départements sont situés en entier dans cette région; d'autres en partie seulement. Ceux de la Dordogne, du Lot et de l'Aveyron y sont intégralement compris, ainsi que celui de la Corrèze, moins une lisière au Nord. Elle embrasse la plus grande partie du Cantal et de la Lozère; elle va chercher les sources de la Dourbie sur le Gard; elle s'avance sur le Tarn, dont elle laisse la plus grande partie vers le Sud; elle prend la moitié du Tarn-et-Garonne, un peu plus de la moitié du Lot-et-Garonne, et enfin la Gironde tout entière.

Cette vaste contrée présente dans son ensemble un aspect des plus variés. Au Nord, elle se relie à des côteaux à peine plus élevés que ceux du Bordelais; à l'Est, elle est couronnée par les pics du Cantal, le massif d'Aubrac, les hauteurs de la Lozère, les cimes de l'Aigoual et du Saint-Guiral; tandis qu'au Sud et à l'Ouest elle descend vers la mer par des plaines, qui sont souvent à perte de vue. Les reliefs montagneux qui, vers le Nord, l'Est et le Sud, occupent près de la moitié de son contour, donnent naissance à d'innombrables cours d'eau, parmi lesquels je ne signalerai que les suivants :

*Le Tarn*. Il sort du mont Lozère, reçoit à gauche la Junte, la Dourbie, le Dourdou (réuni à la Nuéjouls et à la Sorgue), le Rance, qui descendent de la chaîne des Cévennes; à droite, l'Aveyron qui, grossi de la Serre et du Viaur, et après un cours de 250 kilomètres, se jette dans la Garonne, au-dessous de Moissac.

*Le Lot*. Il prend sa source dans les montagnes de la Lozère, reçoit un grand nombre d'affluents, qui descendent la plupart d'Aubrac ou du Cantal, et dont le plus considérable est la Truyère, grossie du Goul;

puis, après un cours d'environ 295 kilomètres, il devient tributaire de la Garonne, près d'Aiguillon.

*La Dordogne.* Elle descend du mont Dore, formée de la Dore et de la Dogne un peu au-delà des limites indiquées, reçoit à gauche la Cère grossie de la Jordanne, qui naissent l'une au mont Lioran situé à la base du Plomb-du-Cantal, l'autre au Puy-Mary; à droite, la Vézère réunie à la Corrèze, l'Isle grossie de la Dronne; enfin, elle joint la Garonne au Bec-d'Ambez, pour former la Gironde, après un cours d'environ 430 kilomètres.

Suivant la belle expression d'un naturaliste éminent, toutes ces rivières « sont autant de routes mobiles qui transportent loin de leur patrie une foule de végétaux des montagnes qui se développent sur leurs rives, et annoncent de loin au botaniste la diversité de la flore » de ces lieux élevés (1).

Une partie du territoire qu'embrassent mes recherches, celle surtout qui comprend les départements de l'Aveyron, de la Lozère et du Cantal, est essentiellement montueuse. Sa surface est divisée en une multitude de ravins, de gorges profondes, de vallées plus ou moins développées, longitudinales ou transversales. L'abondance des eaux courantes y entretient une végétation active et souvent brillante. Le relief d'un sol excessivement accidenté, offre ici des crêtes aiguës, là des croupes arrondies, plus loin des collines élevées, les unes isolées, les autres réunies par des plateaux; les unes boisées jusqu'au sommet, les autres nues et presque stériles : leur pente est tantôt douce et tantôt rapide, et l'on rencontre souvent sur leurs flancs des escarpements abrupts, qui sont parfois couronnés par des masses de rochers coupés à pic. Ailleurs, ce sont des plaines couvertes de prairies, de forêts, de champs cultivés, qui présentent une végétation abondante. En certains endroits, au contraire, ce sont des terrains pierreux et incultes, nourrissant toutefois des végétaux, destinés eux-mêmes à entretenir de nombreux troupeaux, qui font, hélas! le désespoir du botaniste.

La région du sud-ouest de la France a servi depuis longues années de champ d'exploration à un grand nombre de savants. Plusieurs travaux phytographiques plus ou moins importants y ont déjà été publiés. Le

(1) Catalogue des plantes vasculaires du plateau central de la France, par MM. H. Lecoq et M. Lamotte, p. 17.

département de la Gironde possède une flore qui est arrivée à sa quatrième édition du vivant de son vénérable auteur, J.-F. Laterrade. MM. Charles Des Moulins, Du Rieu de Maisonneuve, Gustave Lespinasse et d'autres membres de la Société Linnéenne de Bordeaux ont, de leur côté, inséré à diverses reprises, dans les Actes de cette Compagnie, des notes savantes sur un certain nombre de plantes observées dans le rayon de la Flore Bordelaise.

B. de Saint-Amans, aidé de la collaboration de feu Chaubard et de M. du Molin l'aîné, mettait au jour, dès 1821, la *Flore Agenaise*. La science, il est vrai, a fait d'immenses progrès depuis cette époque; mais le *Bouquet* qui accompagne cet ouvrage et qui se compose de figures d'espèces alors entièrement nouvelles, suffirait pour perpétuer la mémoire de ses auteurs.

D'actives recherches ont été faites, par divers botanistes, dans le département de la Dordogne; elles sont consignées dans le *Catalogue raisonné des phanérogames de la Dordogne*, publié en quatre fascicules, de 1840 à 1858, par mon bon et vieux ami M. Ch. Des Moulins, président de la Société Linnéenne de Bordeaux.

M. T. Puel, docteur en médecine à Paris, a donné, il y a quelques années, un bon *Catalogue des plantes qui croissent dans le département du Lot*.

M. Lagrèze-Fossat, avocat à Moissac, a publié en 1847 une *Flore du Tarn-et-Garonne*. Les sciences d'observation ont fait depuis lors de nombreuses conquêtes; mais ce travail restera toujours digne d'une estime particulière.

M. le C^te V. de Martrin-Donos a d'abord distribué à ses amis seulement le premier fragment d'un travail qui a pour titre : *Plantes critiques du département du Tarn*, ou Extrait de la Flore du Tarn (inédite). Le savant auteur de cet écrit a recueilli les fruits de l'heureuse idée qui l'avait porté à soumettre au jugement des botanistes ses appréciations sur un certain nombre de plantes de cette circonscription, et il a édité, l'an dernier, une *Florule du Tarn*, qui a justifié les espérances que son ébauche avait fait concevoir.

Tous les botanistes connaissent le *Catalogue raisonné des plantes vasculaires du plateau central de la France*, de MM. H. Lecoq, professeur à la Faculté des Sciences de Clermont, et M. Lamotte, pharmacien, à Riom : ce sont là deux noms qui tiennent lieu de tous les éloges.

L'Aveyron ne possède ni flore ni catalogue. A la vérité, la fraction de ce département, qui est située au Nord et qui est limitée par la rivière du Lot, depuis Entraygues jusqu'à La Canourgue, est comprise dans la circonscription adoptée par MM. Lecoq et Lamotte pour le Catalogue dont je viens de parler; mais les deux savants auteurs ne font mention que d'un très-petit nombre de localités appartenant à cette fraction. Ce n'est pas que ce vaste département n'ait déjà été exploré par plusieurs botanistes. Le docteur Bernier est un des premiers. Vers le commencement du dix-septième siècle, après avoir étudié la médecine à Montpellier et en Italie, il vint se fixer dans le Rouergue (à Espalion, si je ne me trompe). Les progrès qu'il fit dans la science des végétaux durent sans doute être fort lents : à cette époque elle était encore dans son enfance. Cependant, il avait fait de nombreuses observations; on en trouve des traces dans un vieux livre de botanique (1) qui fait partie de la bibliothèque de la ville de Rodez. Lorsqu'il y reconnaissait quelques-unes des plantes qu'il avait observées, il avait soin de noter au-dessous des figures qui les représentaient, le lieu où il les avait rencontrées. Ainsi, au dessous de la figure qui représente le *Primula acaulis* Jacq., on trouve indiquée la localité Clapeyret, au bord du Lot, près de Saint-Geniez. J'ai visité cet endroit, le *P. acaulis* y croît encore.

L'abbé Bonnaterre s'est aussi livré à l'étude de la Botanique dans le département de l'Aveyron. Il ne reste aucune trace des collections que ce naturaliste y a faites. Un de ses biographes assure qu'il a composé une flore de l'Aveyron ; mais elle n'a jamais été livrée à l'impression, et le manuscrit, s'il a existé, est perdu sans retour.

Le docteur Richard avait récolté dans le même département beaucoup de plantes. Sa collection étant passée entre les mains de M. Hipp. de Barrau, ce savant y joignit celle qu'il avait faite lui-même, et il en forma l'herbier du Musée que la Société, dont il a été le président jusqu'à sa mort, a fondé à Rodez.

Le même musée a hérité d'une collection naissante qui ne manque pas d'intérêt. C'est celle de M. Émile Mazuc, qu'une mort prématurée a, depuis quelques années, arraché à l'étude de la Botanique. Sa sagacité et son zèle faisaient entrevoir les plus justes et les plus belles espérances. De concert avec M. Timbal-Lagrave, pharmacien à Toulouse, il a découvert, étudié et décrit l'une des plantes les plus remarquables

(1) De Lobel, *seu* Lobelius (Mathias), *Stirpium icones* 1 vol. in-4° Antverpiæ, 1591).

qui croissent dans l'Aveyron, le *Senecio ruthenensis* (E. Mazuc et Timbal-Lagr., Note, etc., *icon. optima*) (1).

Tel est, en résumé, au moment où j'écris, l'état des études phytographiques accomplies dans le sud-ouest de la France.

Mon dessein n'est pas d'écrire une flore de ce grand bassin, ni même un Catalogue proprement dit, car je ne veux mentionner que les plantes pour l'étude desquelles j'ai des matériaux suffisants.

Le nom de *Recherches* suffit à mon but; j'ai visité, moi-même, et souvent exploré à plusieurs reprises les localités dont je vais parler.

Les documents que je mets en œuvre ont été recueillis pendant une période de 24 ans, et seront, j'ose l'espérer, favorablement accueillis par les hommes de science.

Mais, avant de les exposer, on ne trouvera pas hors de propos, j'espère, que je place ici quelques considérations générales sur l'ESPÈCE, en histoire naturelle.

Pour acquérir une notion exacte de l'espèce, il faut sortir du champ de l'observation, et entrer dans le domaine de la pensée pure. Dans les sciences naturelles, l'expérience nous fait acquérir la connaissance des faits : nos sens ne vont pas au-delà, mais notre raison pénètre plus avant. A l'occasion de la manifestation des attributs ou propriétés des êtres, elle nous fait remonter jusqu'à leur cause, c'est-à-dire jusqu'à leur fonds substantiel ou essence, qui les produit par son activité propre. Cette substance ou essence est incompréhensible pour nous; c'est la lumière intellectuelle qui nous fait voir son existence. Or, la raison ne peut pas concevoir une substance sans une forme qui la détermine; par conséquent, toute substance est une forme essentielle, un type, une espèce ou type spécifique.

Toute forme essentielle est reproduite dans le monde à l'état d'individu, en nombre plus ou moins grand, et avec une certaine figure. Dans

---

(1) M. E. Mazuc a été emporté à l'âge de 24 ans. Cet intéressant jeune homme brillait, avant tout, par ses qualités morales : la loyauté, la candeur, la sincérité, la modestie, une aménité inaltérable étaient peintes sur son visage; il réunissait à toutes les grâces de la jeunesse, — on pourrait dire de l'innocence, — la maturité d'un homme bien plus avancé dans la vie. Il était dominé par trois passions souverainement pures et aimables à tous, — son affection pour sa mère et pour sa sœur, son ardente charité envers les pauvres et son amour de l'étude! Aussi a-t-il laissé dans le cœur de ses amis, c'est-à-dire de tous ceux qui l'ont connu, des souvenirs et des regrets impérissables.

chaque individu, la forme individuelle ou principe d'individualité, qui fait que l'un n'est pas l'autre, et unie à la forme spécifique ou principe de spécificité. L'espèce, c'est le fond commun, identique chez tous les individus qui représentent la même forme spécifique. Ainsi, on peut définir l'espèce (abstractivement) : *La forme essentielle d'un être naturel, manifesté par des caractères sensibles et constants.* Ces caractères extérieurs ne constituent pas proprement la forme; ils sont destinés à la révéler, et à la mettre en rapport avec les autres êtres.

Le fond de l'être, ce qui fait sa nature propre et intime, et qui préexiste à son développement, doit être un et indivisible (1) : la pensée ne saurait le concevoir autrement; par conséquent, il est immuable, inaltérable. On peut concevoir son anéantissement, mais non sa transformation.

La transformation ou mutation des formes spécifiques est impossible. En effet, si l'on admettait que le fond d'une substance, ce qui fait qu'elle se distingue, comme type spécifique, de tous les autres types spécifiques existants et possibles, est susceptible de changement, cette substance pourrait acquérir des caractères autres que les siens, et, par suite, elle pourrait être soi et autre que soi en même temps, c'est-à-dire, devenir autre sans cesser d'être. Or, cela implique contradiction : le oui et le non ne peuvent être affirmés à la fois du même sujet. D'ailleurs, toute forme essentielle correspond à une idée. Or, une idée ne peut se transformer en une autre idée sans cesser d'être : elle est ce qu'elle est de sa nature, ou elle n'est pas. On peut donc démontrer *à priori* l'immutabilité des types spécifiques.

Je reviendrai sur cette importante question.

Les êtres qui appartiennent au règne végétal, aussi bien que ceux qui appartiennent au règne animal, sont doués d'une propriété merveilleuse. Ils ont tous, jusqu'aux plus infimes, la faculté de se reproduire indéfiniment. — En appelant cette propriété *merveilleuse*, je ne dois pas être taxé d'exagération. Si l'on n'est pas frappé du phénomène de la repro-

---

(1) Il n'est pas donné à l'homme de pouvoir atteindre jusqu'à l'essence des choses, jusqu'aux espèces. Tous ses efforts en ce sens sont impuissants, ou ils ne produisent que des œuvres frappées de stérilité. Son action ne peut s'exercer que sur les individus, et, lorsqu'il est parvenu à les diviser ou à les dénaturer d'une manière quelconque, l'espèce à laquelle ils appartiennent reste toujours intacte, précisément à cause de son unité.

duction, c'est qu'il a lieu à chaque instant, et sous les yeux de tout le monde. — Le nombre des individus d'une même espèce qui sont le résultat des diverses reproductions, n'ajoute rien à l'espèce : elle est tout entière dans chacun d'eux. Je dis plus, elle est tout entière dans chaque germe. En d'autres termes, l'espèce est une unité (ou plutôt une *entité*) réelle, renfermant un nombre indéfini d'individus Ces individus ont tous une nature semblable, et ils peuvent être regardés comme étant originairement sortis d'un seul et même individu, premier exemplaire de l'espèce. Enfin, pour me servir des paroles d'un célèbre naturaliste (1), toute espèce créée dans le temps, correspond à une idée éternellement conçue dans l'entendement divin.

On voit par là combien il est inexact et même faux de dire que l'espèce implique l'idée de groupe ou de collection. Les individus d'une même espèce doivent être considérés comme les évolutions successives, ou simultanées, d'un même type, en sorte que chaque individu peut être pris pour un véritable exemplaire de l'espèce à laquelle il appartient. Ce serait donc une erreur de représenter les espèces comme des assemblages d'individus. Les *genres* sont des assemblages d'espèces, et les *familles* des assemblages de genres. L'idée d'*espèce* correspond à celle de *substance déterminée;* tandis que l'idée de genre, ou de famille, correspond à celle d'*être collectif*. On peut dire aussi que les genres servent à exprimer l'ordre ou l'enchaînement dans les êtres. En un mot, les espèces sont des êtres réels, et les genres des êtres de raison.

La stabilité des types spécifiques dans ce qui constitue leur essence étant admise, celle des caractères, qui en sont l'expression ou la manifestation extérieure, prises dans leur ensemble, doit être pareillement admise comme une conséquence rigoureuse; car cette manifestation se fait par le développement des organes, qui sont de deux sortes, les uns destinés à pourvoir à la conservation individuelle, les autres à la conservation de l'espèce. Or, ce développement n'a pas lieu au hasard, il se fait d'après un mode spécial, propre à la nature de chaque forme typique. Mais la fixité des formes essentielles ou typiques, dans leur nature, a été démontrée. Les organes, qui sont le résultat du développement, doivent donc avoir une conformation constante chez tous les individus originaires du même type; d'où il suit que les caractères empreints sur ces organes doivent être fixes et constants.

---

(1) M. A. Jordan : *Diagnoses d'espèces nouvelles*, p. 10.

Cependant, quoique la fixité des caractères dans chaque espèce soit telle qu'elle ne puisse souffrir aucune exception, lorsqu'il s'agit de la manifestation d'une essence immuable par nature, la raison conçoit la possibilité, et l'expérience vient attester la réalité de *certaines modifications* chez les individus des diverses espèces. Mais il est facile de s'en rendre compte. Ces modifications sont dues, les unes au principe d'individualité, les autres à l'action des causes, soit intérieures, soit extérieures, qui peuvent influer sur leur développement, tantôt pour le retarder, tantôt pour l'accélérer.

Il arrive parfois que certains individus soumis à l'influence des mêmes causes prennent une déviation uniforme, et offrent des traits communs qui ne se trouvent pas dans les autres individus de la même espèce, n'ayant pas subi la même influence. On voit apparaître alors une *variété*. Au reste, les différences qui en résultent ne portent que sur des organes secondaires, et si elles touchent à des organes plus importants, elles ne les affectent pas profondément. Ces différences n'ont pas de stabilité, ou si elles présentent quelque fixité, une ou deux générations suffisent pour les faire complètement disparaître, pourvu que ces individus soient placés dans d'autres conditions, et qu'ils soient soustraits à l'influence des causes qui les avaient d'abord occasionnés (1).

Passant de l'ordre des idées à l'ordre des faits, je trouve la stabilité des espèces, parmi les végétaux, inscrite partout. Et le grand botaniste A.-P. de Candolle a eu raison d'affirmer que « la non-permanence des espèces est contraire à la masse générale des faits (2). » L'éminent naturaliste de Saint-Sever, Léon Dufour, qui dans sa longue carrière a pu recueillir et vérifier un si grand nombre de faits, nous a fait encore entendre, du bord de cette tombe où il vient de descendre entouré de tant de respects et de regrets, un précieux témoignage en faveur de la même vérité. A l'occasion de plusieurs plantes qu'il avait retrouvées dans les Alpes après les avoir observées dans les Pyrénées, sous les mêmes

---

(1) Ceux qui ont lu les ouvrages de M. Alexis Jordan n'auront pas de peine à s'apercevoir que je suis allé chercher mes inspirations dans les écrits de cet éminent auteur : je m'en félicite. Les botanistes qui reprochent à M. Jordan d'avoir admis des caractères trop légers pour base de la distinction spécifique, ne sauraient lui contester du moins la justesse du coup-d'œil et la pénétration, lorsqu'il est question de sonder les profondeurs de la science.

(2) *Théorie élémentaire de la botanique*, p. 160.

conditions climatériques, il écrivait en 1860 : « C'est un fait aussi curieux que consolant, pour le naturaliste studieux, que cette identité des espèces, même les plus exiguës, à des distances considérables (1) »

Si la stabilité des espèces n'existait pas, l'ordre admirable qui brille de tous côtés dans la nature serait déjà troublé depuis longtemps, et remplacé par une perturbation générale parmi les êtres organisés. Cette perturbation n'est certes pas à craindre. Pour être rassuré, il suffit de se rappeler « que les êtres divers existent, avec leurs similitudes et leurs diversités, par la volonté de Celui qui sait le compte exact de tous les grains de poussière, ainsi que de tous les cheveux de nos têtes, dont aucun ne tombe que par son ordre, — de Celui dont les volontés permanentes sont ce qu'on nomme *lois de la nature* dans le langage de la science (2) » : lois qui reçoivent leur accomplissement depuis l'origine des choses; « et ce que la sagesse divine a voulu dans le principe, elle le voudra toujours.

» Depuis que l'humanité vit sur le globe, les types végétaux sont restés les mêmes, et ceux dont nous trouvons les débris ou la reproduction dans les monuments historiques anciens, ne diffèrent en rien de nos plantes actuelles (3). »

Ainsi, les faits viennent en foule appuyer la doctrine de la fixité des espèces. Et je ne crains pas d'ajouter que, jusqu'ici, il n'a jamais été constaté que les individus d'une espèce aient donné naissance à une autre espèce (4).

---

(1) Actes de la Société Linnéenne de Bordeaux, t. XXIII, p 235.

(2) M. A. Jordan : *Diagnoses d'espèces nouvelles*, etc., t. Ier, première partie, p. 11.

(3) M. A. Boreau : *Notes et Observations*, etc., p. 21.

(4) On fit grand bruit, il y a quelques années, d'une prétendue découverte de M. Esprit Fabre, sur l'origine du froment, d'après laquelle le froment ordinaire serait issu de l'*OEgilops ovata* L. M. A. Jordan a démontré d'une manière péremptoire que cette découverte repose entièrement sur une erreur de fait, et sur une confusion d'idées Bien plus, les expériences de M. Fabre prouvent justement le contraire de ce qu'il avait cru pouvoir établir. Elles prouvent la persistance de l'espèce ; puisque la plante qu'avait en vue M. Fabre, après avoir été soumise à une longue culture, est restée invariable, possédant des caractères positifs et tranchés qui en font un *Ægilops*, et non un *Triticum* (froment). M. Jordan lui a donné le nom d'*Ægilops speltæformis*. (*De l'origine des diverses variétés ou espèces d'arbres fruitiers*, etc., par M A. Jordan, p. 60. — *Nouveau mémoire sur la question relative* aux *Ægilops triticoides* et *speltæformis*, par le même).

Dans l'étude de l'histoire naturelle, il faudrait ne jamais s'écarter de cette importante maxime : « Exposer l'universalité des êtres sans les confondre; mais ne pas séparer les objets qui sont évidemment réunis : *Exponere, non confundere naturam, sed evidenter conjuncta non disjungere.* »

Plusieurs naturalistes, dans le dessein très-louable assurément de favoriser les progrès de la science, ont multiplié leurs recherches. Après des études approfondies, ils ont cru découvrir, et ils ont réellement découvert des êtres qui étaient demeurés jusqu'ici ignorés ou confondus avec d'autres êtres analogues. C'est surtout en botanique que le mouvement s'est déclaré. Des botanistes d'un grand mérite en ont été alarmés. Ils ont craint que les nouvelles espèces signalées, qu'ils regardent, en partie du moins, comme des espèces de mauvais aloi, ne vinssent jeter la confusion parmi les espèces déjà reconnues. Ils se plaignent et ils crient contre la multiplication des espèces.

Je ferai d'abord observer qu'en histoire naturelle, l'existence des espèces ne peut nullement dépendre de la volonté de celui qui se livre à leur étude. Elles sont sorties au commencement des mains du Créateur (1), suivant l'expression de Buffon.

Le nombre des espèces ne saurait donc être augmenté ou réduit arbitrairement. Elles existent, et il faut les prendre telles qu'elles sont. Le devoir du naturaliste, dirai-je après M. Boreau, est de les distinguer et de les décrire, afin qu'elles puissent être reconnues par un observateur attentif. Mais il n'est pas toujours facile de saisir les caractères qui les distinguent.

On appelle *caractères spécifiques* certains signes offerts par les végétaux, qui servent à constater la valeur et, pour ainsi dire, la *présence*

---

(1) Les paroles de la Genèse sont fort claires. « Dieu parla ainsi : Que la terre produise des plantes verdoyantes, qui portent de la graine, et des arbres fruitiers, produisant des fruits chacun selon son espèce, qui renferment en eux-mêmes leur semence, pour se reproduire sur la terre. Et la terre produisit des plantes verdoyantes, qui portaient de la graine selon leur espèce, et des arbres fruitiers, qui renfermaient leur semence en eux-mêmes, chacun selon son espèce. *Et ait : Germinet terra herbam virentem et facientem semen, et lignum pomiferum, faciens fructum juxta genus suum, cujus semen in semetipso sit super terram Et protulit herbam virentem et facientem semen juxtà genus suum, lignumque faciens fructum et habens unumquodque sementem secundum speciem suam* » (Genes., cap. I, v. 11 et 12).

d'une espèce. Les caractères sont comme les ouvertures à travers lesquelles l'espèce *se laisse voir*. Les diverses parties d'une plante peuvent posséder des caractères distinctifs, et lorsqu'il s'agit de les classer, toutes doivent y concourir. Ces signes ou caractères sont de deux sortes : les uns apparents, qu'on peut appeler extérieurs, les autres intimes et qui exigent, pour être aperçus, un examen préalable, souvent à l'aide d'un instrument d'optique. Parmi ces caractères, les uns sont plus importants, les autres moins. Les premiers sont ordinairement empreints sur les organes essentiels des plantes, tandis que les autres se trouvent sur les organes accessoires. C'est la constance qui leur donne de la valeur à tous. La constance est le signe distinctif de l'espèce. Un certain nombre d'observations est indispensable pour l'établir. Les espèces végétales, ayant la faculté de se reproduire par graines, fournissent un moyen sûr, et simple en même temps, pour vérifier la fixité des caractères. On doit suivre attentivement les évolutions du sujet que l'on observe, à travers plusieurs générations, si c'est possible : particulièrement s'il est question d'une espèce critique, ou d'une espèce nouvelle. Si l'on a pu se procurer des individus venus dans des localités éloignées les unes des autres, si ces individus ne présentent entre eux aucune différence notable, de sorte qu'on puisse leur attribuer une origine commune, la prudence permet d'en déduire la stabilité de leurs caractères. On doit présumer avec raison qu'ils sont séparés de la souche commune par un grand nombre de générations.

L'ensemble des différences que l'on observe dans une plante forme ce qu'on appelle le faciès de cette plante. Ces différences peuvent quelquefois paraître assez petites, quand on les considère isolément. Toutefois, elles n'en sont pas moins réelles et très-visibles. Le faciès ne doit jamais être négligé : il aide à classer les individus, et il peut aussi mettre sur la voie pour arriver à la connaissance d'une espèce.

Il est un autre ordre de caractères, à la vérité moins importants, mais qui peuvent parfois fournir d'utiles renseignements : c'est l'attitude de la plante vivante, son mode de croissance ; c'est l'époque de sa floraison. Il faut tenir compte de l'influence que peuvent exercer sur les plantes, soit la diversité du sol, soit l'humidité ou la sécheresse, soit l'exposition, soit l'intensité de la chaleur, soit enfin l'absence de la lumière. La station qu'elles semblent choisir de préférence doit être notée. On doit rejeter les modifications accessoires. Voilà bien de quoi exercer le zèle et la sagacité d'un botaniste laborieux ! L'esprit de discernement, la sûreté du coup-d'œil lui sont avant tout nécessaires.

En résumé, les caractères spécifiques doivent être tels que, aux yeux d'un homme capable d'un examen attentif, ils puissent servir à établir une différence réelle et appréciable entre le sujet qui les possède et tout autre analogue : c'est la stabilité qui leur donne de la valeur. Une espèce qui sera pourvue de tels caractères possédera les attributs d'une véritable espèce, et devra par conséquent être originairement distincte de toutes les autres.

La distinction des espèces est de la plus haute importance. Qui oserait le nier? A quoi servirait, en effet d'avoir acquis, par un travail opiniâtre, des notions étendues sur les organes des plantes et leurs fonctions, sur leurs diverses formes, et sur les propriétés qu'elles possèdent, si l'on ne pouvait pas les appliquer à des êtres déterminés? D'ailleurs, la connaissance des espèces n'est-elle pas le but final de la science? Un vieux botaniste, Van Royen, a fort bien rendu cette vérité : *In cognoscendis speciebus ultimus scientiæ finis*. Scopoli a dit de son côté : *Cognitio specierum primus rei herbariæ scopus.*

Mon intention n'est pas de toucher à la question des hybrides. Les limites que je me suis tracées ne me le permettent pas. Je me contenterai de faire observer, avec M. Boreau, que les plantes hybrides sont des êtres rares et exceptionnels dans l'état de nature (1). Mais des êtres accidentels, s'écartant plus ou moins du type spécifique, et dont l'existence éphémère est due à un accident, ou à l'industrie, doivent-ils recevoir une place dans la série générale des espèces? Je ne le pense pas. Qu'on les constate, après les avoir observés avec soin, je le veux bien : c'est nécessaire, et cela suffit. Quant à la place qu'ils doivent occuper, je n'hésite pas à les laisser au rang des variétés, en les désignant par un mot aussi simple que possible, qui fasse connaître leur origine.

Les hybrides offrent un avantage qui ne doit pas être négligé : par la stérilité dont ils sont ordinairement atteints, ou par le retour au type spécifique lorsqu'ils sont fertiles, ils font admirablement ressortir la fixité des espèces.

La nature renferme des mystères qui ne sont pas à la portée des yeux du vulgaire. Il est seulement donné à quelques esprits d'élite de pouvoir les pénétrer; et encore leur sagacité est mise souvent en défaut. Son étude est devenue très-difficile de nos jours, j'en conviens. Mais faut-il à cause de cela se décourager et l'abandonner? Nullement. Prenons les

(1) *Notes et Observations sur quelques plantes de France*, p. 24.

œuvres du Créateur comme elles sont : se plaindre de leur multiplicité, ce serait s'attaquer à la divine sagesse. Au lieu de protester contre l'établissement des nouvelles espèces, dont plusieurs sans doute auront de la peine à résister aux investigations d'une saine critique, il vaut mieux se mettre résolûment à l'œuvre, discuter les caractères qui servent à les établir, et en prouver l'inanité, s'il y a lieu.

Le naturaliste vraiment digne de ce nom n'a d'autre mobile que la recherche de la vérité. Il est en garde contre l'esprit de routine et l'appréhension de nouveaux labeurs. Il ne craint pas les mauvaises espèces, c'est-à-dire celles qui n'existent pas dans la nature; il sait qu'elles servent à confirmer les bonnes, celles qui SONT. Pour lui, les espèces *legitimes et vraies* sont celles qui *correspondent dans la nature chacune à une réalité objective.*

Je viens sans aucune prétention; je connais mon insuffisance. Je suis un simple travailleur patient, qui ne recule point devant les difficultés. Je ne suis d'aucune école : je m'attache à la vérité partout où je la trouve. Mon dessein est d'apporter une pierre à l'édifice scientifique et de payer un faible tribut d'hommages à la sagesse du Souverain Maître, qui « a tout disposé avec ordre, poids et mesure : *Omnia in mensurâ et numero et pondere disposuisti* (Domine). » (Sap. XI, 21.)

# PREMIÈRE PARTIE

## DISTRIBUTION DES VÉGÉTAUX DANS LA RÉGION DÉCRITE.

J'essaierai d'abord de donner un aperçu de la végétation du Sud-Ouest en indiquant très-succinctement les principales plantes phanérogames qui se groupent dans chaque localité étudiée par moi depuis Royan et le cap Ferret (bassin d'Arcachon) jusqu'à Rodez, Mende et le sommet du Cantal.

Le point de départ est Bordeaux. Emportés par la vapeur, nous traversons rapidement les landes bordelaises, ce pays stérile en apparence, mais qui réserve au botaniste d'excellentes récoltes, et ne laisse pas sans rémunération le cultivateur industrieux.

Voici le bassin d'Arcachon : on commence l'herborisation à Gujan.

Entre Gujan et La Teste, on rencontre de bonnes espèces : *Salsola Kali* L., *S. Soda* L.. *Carex punctata* Gaud., *Polypogon monspeliensis* Desf. A La Teste, derrière la station du chemin de fer, croît le *Trifolium Perreymondi* Gren., plante rare que le regrettable M. Chantelat, auteur du *Catalogue des plantes de La Teste,* m'y fit récolter le 2 Juillet 1847. En sortant de l'enclos de la gare, on trouve à ses pieds l'*E. moschatum* L'Hérit., que décèle sa forte odeur de musc.

Je me dirige d'abord vers l'ouest de la ville, dans l'espoir d'y retrouver une renoncule batracienne que j'avais récoltée autrefois dans le voisinage. Les moissons qui bordent le chemin offrent en abondance les *Raphanus Raphanistrum* L., à fleurs lilas tendre; *Geranium Lebelii* Boreau, remarquable par sa racine épaisse et par ses carpelles chargés d'une villosité courte et grisâtre; *Linaria spartea* Hoffmansegg et Link; *Avena Ludoviciana* Du Rieu; *A. hirsuta* Roth; *Lolium multiflorum* Lam.

Un *Batrachium* sans fleurs ni fruits nage dans le ruisseau voisin; mais ce n'est que le *B. hederaceum;* un peu plus loin, dans les fossés qui bordent les prés situés au pied des dunes, se montrent le *B. Lenormandi* Schultz, sous deux formes (terrestre et aquatique), et tout près de là une fougère peu développée, l'*Osmunda regalis* L., dans son bas âge et encore stérile.

Sur la droite, croissent le *Wahlenbergia hederacea* Reichenb. et l'*Anagallis tenella* L.; plantes charmantes qui semblent faites pour vivre à côté l'une de l'autre : le *Carex paniculata* L. élève près d'elles ses touffes de longues hampes, et le *Nymphæa alba* L. fixe mon attention à cause de ses très-petites dimensions.

Mes vœux sont enfin satisfaits. Voici la renoncule batracienne que je désirais si vivement retrouver : elle a élu domicile dans un lieu fangeux, entre le monument Brémontier et l'église de La Teste. En Juin 1863, elle est bien telle que je l'ai observée au commencement de Juillet 1847; cependant, puisqu'elle est annuelle, elle a subi l'épreuve de seize générations (1). Le *Veronica scutellata* L. et l'*Alisma ranunculoïdes* L. vivent dans le même endroit.

---

(1) Cette renonculacée est très-voisine, en apparence du moins, du ***Batrachium Lenormandi***, et a dû être confondue avec cette espèce. Néanmoins, en l'examinant de près, on reconnaît aisément qu'elle s'en distingue. La forme de ses feuilles est différente : elles sont émarginées presque jusqu'au milieu, et profondément lobées,

En face se trouvent les dunes, dont les envahissements menaçants sont désormais arrêtés, grâce aux forêts de pins maritimes (*Pinus pinaster* Sol.) dont l'ingénieur Brémontier a commencé, en 1786, à les recouvrir.

Au pied des dunes croissent le *Statice Dubyei* Godr. et Gr., l'*Armeria pubescens* Link; un peu au-dessus, les *Salix repens* L., *Carex arenaria* L., *Festuca sabulicola* Dufour; dans un lieu humide du pré salé qui avoisine le remblai du chemin de fer, abonde le rare *Scirpus parvulus* Rœmer. et Sch.

Les bords plus ou moins immédiats du bassin d'Arcachon offrent une récolte abondante : *Cakile maritima* Scop., *Sagina maritima* Don, *Tamarix anglica* Webb, *Erythræa spicata* Pers., *Microcala filiformis* Link, *Glaux maritima* L., *Polygonum maritimum* L., *Salsola Soda* L., *Salicornia herbacea* L., *Suæda maritima* Dumort., *Atriplex portulacoïdes* L., *A. crassifolia* C.-A. Meyer, espèce prise pendant longtemps pour l'*A. rosea* L., *Alisma ranunculoïdes* L., *Triglochin maritimum* L., *Juncus pygmæus* Thuill., *J. capitatus* Weig., *Scirpus setaceus* L., *S. Savii* Seb. et Maur., *S. Holoschœnus* L., *Carex extensa* Good., *C. trinervis* Degl., *Kœleria albescens* DC., *Glyceria maritima* Mert. et Koch, *Agropyrum junceum* Pal. Beauv., *Lepturus incurvatus* Trin. et *Ruppia rostellata* Koch, dans une flaque d'eau salée, vivant en société avec le *Potamogeton pusillus* L. Tout près de là, mais dans le sable pur et sec, l'*Eryngium maritimum* L. frappe agréablement la vue par sa teinte azurée.

Il n'y a que 3 ou 4 kilomètres de La Teste à Arcachon. En chemin de fer, quelques instants suffisent pour les parcourir. Arcachon est une petite ville qui grandit chaque jour et s'allonge sur la rive méridionale du bassin. Elle semble sortir comme par enchantement du milieu des sables et de l'antique forêt de pins qui la bordent. L'*Arbutus Unedo* L.

---

à lobes crénelés, ordinairement non contigus à leur base. Du reste, dans le *B. Lenormandi* Schultz, ainsi que dans le *B. hederaceum* L., les réceptacles sont *glabres*, tandis que dans la plante dont il est ici question, ils sont *constamment* HÉRISSÉS : cela suffit, à mon avis, pour la caractériser sûrement. Dans le cas où elle n'aurait pas encore été nommée, je propose de l'appeler *B. lutarium*, et comme je suis porté à croire qu'elle est peu répandue, je crois devoir en publier dès aujourd'hui une description méthodique et une figure que je dois au crayon de M. J. Valadier, membre de la Société des Lettres, Sciences et Arts de l'Aveyron. (Voir la diagnose, la planche et sa légende, à la fin de ce mémoire.)

abonde dans toute cette forêt, et surtout aux environs de la célèbre chapelle de Notre-Dame.

On aperçoit au-delà du bassin les dunes du cap Ferret dominées par le phare. Le temps est calme, la traversée sera facile et agréable. Les plages du bassin sont très-peu inclinées; aussi la barque étroite et longue qui portera le touriste se tient à une certaine distance du rivage. Pour arriver jusqu'à elle, comme pour la quitter, il faut escalader les robustes épaules du nautonnier, ou se résoudre à prendre un bain de pieds. L'*Eryngium maritimum* L. et le *Tamarix anglica* Webb sont les premiers végétaux qui se présentent à la vue sur la plage du cap Ferret. Là, si l'on en excepte les alentours immédiats du phare, une désolante stérilité règne presque partout. Il semble au premier aspect que les investigations du botaniste y seront infructueuses; cependant plusieurs plantes intéressantes y ont établi leur demeure. Un peu au-delà du phare, croissent l'*Agropyrum campestre* Godr., et les innombrables touffes du *Calamagrostis arenaria* Roth, dont la racine atteint une profondeur qu'il n'est pas facile d'évaluer; puis vient l'*Euphorbia Paralias* L. On s'enfonce dans le sable pur; on monte péniblement. Enfin, on oublie la fatigue à la vue du *Convolvulus Soldanella* L., du *Linaria thymifolia* DC., dont la fraîcheur contraste avec l'aridité du sable; le *Diotis candidissima* Desf. drapé d'une éclatante blancheur, fait l'ornement de ces lieux déserts. Après avoir traversé plusieurs dépressions, on arrive à l'endroit le plus élevé de la dune, et le regard plonge tout-à-coup sur une immense plaine mouvante : c'est la *grande mer!* Quel spectacle.... aux yeux surtout de celui qui la contemple pour la première fois! En descendant vers le rivage, on récolte dans le sable pur *Silene Thorei* L. Dufour, *Artemisia campestris* L., (forme *maritime*), *Hieracium eriophorum* Saint-Amans, *Galium arenarium* Lois.

Le vent souffle du Nord-Ouest, les vagues mugissent et se brisent avec fracas à nos pieds en y déposant une Méduse et une tige du *Fucus vesiculosus* L., seules épaves auxquelles leur fureur ait laissé une forme reconnaissable.

Au nord-ouest du phare on rencontre un de ces enfoncements humides, appelés *laites* ou *lèdes*, que le botaniste ne doit pas manquer de visiter. En m'y rendant à travers les dunes, je note l'*Helichrysum Stœchas* DC., qui élève sa cime dorée et semble être là pour faire le pendant du *Diotis candidissima*. Cette dernière espèce ne quitte jamais les sables maritimes, tandis que l'autre s'avance fort loin dans les terres.

Dans la *laite*, croît cette précieuse gentianée, que Brotero le premier a nommée *Gentiana chloodes*, et qui porte aujourd'hui le nom d'*Erythræa chloodes* : elle semble y devenir rare. Le *Juncus acutus* L., qui vient à côté, ne doit pas être dédaigné, non plus que ses voisins, *Polygala oxyptera* Reich., *Spergula nodosa* L., *Radiola linoides* Gm., *Chlora imperfoliata* L. fil., *Samolus Valerandi* L. En remontant, je trouve dans le sable mouvant quelques pieds épars d'*Astragalus bayonensis* Lois.

Le nautonnier presse les voyageurs de regagner leur léger esquif. Pendant la traversée qui dure près d'une heure, on a le temps de mettre en cartons les récoltes de la journée.

Le retour à Bordeaux sera prompt : 56 kilomètres seront parcourus en moins de 2 heures; mais on aura le regret de laisser à droite une localité curieuse entre toutes, l'étang de Cazeaux, où croît en abondance le rare *Lobelia Dortmanna* L. et où l'*Isoëtes Boryana*, découvert par M. Du Rieu, et l'*I. Hystrix* son congénère africain, dû aux recherches du même botaniste, se joignent aux characées pour composer un riche bouquet.

Les environs de Bordeaux ont été explorés à fond. On y trouve d'abondantes richesses végétales; malheureusement, le nombre des plantes que j'y ai observées est fort restreint. Je noterai seulement aux bords de la Garonne l'*Ervum gracile* DC., l'*Ammi Visnaga* Lam., l'*Helminthia echioides* Gærtn., l'*Avena Ludoviciana* Du R., le *Sagittaria obtusa* Willd. importé des États-Unis, le *Glyceria spectabilis* Mert. et Koch, et sur la digue de la Souys, qui borde la rive droite de la Garonne, en amont du pont, l'*Hordeum maritimum* Wither. et le *Senebiera didyma* Pers. abondant sur le quai de la Bastide.

Cestas mérite d'être visité. Le 1er juillet 1847, j'y rencontrai, dans un ruisseau, le *Potamogeton rufescens* Schrader. Les lieux sablonneux, secs, humides ou marécageux qui avoisinent ce bourg, nourrissent les *Helianthemum alyssoïdes* Vent., *Corynephorus canescens* Pal. Beauv., *Microcala filiformis* Link., *Myosotis palustris* With., *Pinguicula lusitanica* L., *Erica tetralix* L., *Myrica Gale* L., *Carex punctata* Gaud., *C. flava* L., *C. pseudo-cyperus* L., *Scirpus fluitans* L., et enfin, dans un champ sablonneux, tout près du village, un *Anthoxanthum* annuel et qui se faisait remarquer par sa forme singulière : c'est celui que MM. Lecoq et Lamotte ont décrit sous le nom d'*A. Puelii*.

Je signalerai en outre l'*Avena hirsuta* Roth et l'*A. sulcata* Gay, dans la lande d'Arlac; le *Glyceria plicata* Fries, dans un fossé à Carbonnieux, et le *Plantago carinata* Schrad., dans la lande de Saint-Médard. Je dois les trois graminées à la bienveillance de M. Ch. Des Moulins, et le plantain à celle de M. l'abbé Dion. J'indiquerai en passant l'*Aldrovanda vesiculosa* L. (forma *aquitanica* Du Rieu), dans les lagunes de La Canau, où Dunal avait autrefois découvert, et où M Du Rieu de Maisonneuve a retrouvé, après 47 ans, cette curieuse droséracée.

Avant de quitter le département de la Gironde, j'indiquerai le *Scirpus Duvalii* Hoppe, sur le bord vaseux de la Dordogne, au pied du château de Vayres, près Libourne, où il a été découvert par M. Ch. Des Moulins.

En citant ces espèces et celles de Cazeaux, je m'écarte de la règle que je me suis imposée pour l'exposition de mes recherches personnelles; mais je crois devoir le faire à cause de l'intérêt que présentent ces espèces rares ou récemment distinguées dans le Sud-Ouest.

Dans le plan que j'ai adopté, Royan occupe une position très-importante : je regrette de ne l'avoir exploré que d'une manière incomplète; mais il fait partie de *l'arrondissement subsidiaire* de la Flore Bordelaise, et il a été étudié comme tel. Je mentionnerai donc seulement les espèces suivantes : au dessus de la plage, où se trouvent les loges destinées aux baigneurs, *Rapistrum rugosum* All., *Sinapis incana* L., *Centaurea serotina* Bor., *C. aspera* L., *Statice Dodartii* de Girard, *Beta maritima* L., *Atriplex portulacoides* L., *A. oppositifolia* DC., *Euphorbia Paralias* L., *Agropyrum campestre* Godr.; dans le champ voisin, *Papaver hybridum* L

J'arrive dans le département de la Dordogne, où j'aurai soin de citer presque exclusivement des localités omises dans le Catalogue de mon ami M. Ch. Des Moulins, afin d'éviter des répétitions inutiles. Je m'arrête d'abord sur le plateau de Saint-Vivien, canton de Vélines. J'y rencontre l'*Ophrys Scolopax* Cavan., dont je me propose de suivre les diverses stations jusque sur les rochers de Saint-Saturnin (Aveyron), et le *Linum tenuifolium* L. Ils vivent l'un et l'autre dans un terrain argileux, inculte et exposé au soleil. On y trouve aussi le *Platanthera chlorantha* Cust.

De Saint-Vivien on aperçoit vers le Nord-Ouest les côteaux de Montpeyroux. Là croissent diverses plantes plus ou moins intéressantes : *Stæhelina dubia* L., plante méridionale, vient sur le tertre de la Garde; *Helianthemum procumbens !* Dun., qu'il ne faut pas confondre avec l'*H. Fumana* Mill., *Linum tenuifolium* L., *Erica ciliaris* L., sur le tertre du Berny; *Eragrostis megastachya* Link, dans un jardin; *Typha angus-*

*tifolia* L. dans un cours d'eau, près des bords de la Lidoire; *Spiranthes autumnalis* Rich., sur les bords du même ruisseau; enfin *Luzula pilosa* Willd. et *Androsæmum officinale* All. dans un bois, près du pont appelé *Moulin neuf*. Ces plantes m'ont été communiquées par M. l'abbé Carrier

En sortant de Saint-Vivien, je vois, au bord d'un bois, le *Spartium junceum* L. (vulg. Genêt d'Espagne), dont l'indigénat ne me semble pas douteux; dans un pré, *Gymnadenia conopsea* R. Br.; plus loin, vers l'Est, sous le village de Montaseau, dans un pré humide, *Alopecurus bulbosus* L., qui se voit à quelques lieues de là, dans la plaine, au sud de Sainte-Foy-la-Grande (Gironde). A l'extrémité du côteau qui commande la vallée de la Dordogne, l'*Orobus niger* L. paraît sous les broussailles. Le *Zannichellia palustris* L. vient dans une mare au-dessus du port de Sainte-Foy. A quelques pas de là, au haut du côteau, croît le *Rhus coriaria* L.; et au pied du même côteau, dans une vigne, où il a été découvert par M. de Dives, le 2 juin 1845, l'*Erodium althæoides* Jordan, Pug., 41 (*E. malacoïdes* Auct. pro part.). Un peu plus loin, du côté de la Rouquette, on trouve le *Rosa sempervirens* L. (M. de Dives).

La vallée de la Dordogne est une des plus remarquables du bassin dont j'étudie la végétation. La partie qui s'étend depuis Sainte-Foy-la-Grande jusqu'à Creysse, n'est qu'une vaste plaine, assez uniforme. Le sol en est fertile, il produit de belles récoltes. On y aperçoit de loin en loin quelques grands arbres, chênes, châtaigners et noyers. Le terrain alluvial se montre partout; c'est un mélange de sables, de cailloux roulés et d'humus. Les plantes dont les noms suivent y sont assez communes: *Delphinium Ajacis* L., *Gypsophila muralis* L., *Silene portensis* L., *S. gallica* L., *Ornithopus roseus* L. Dufour, *O. compressus* L., *Vicia varia* Host., *Lathyrus angulatus* L. (*L. hexaedrus* Chaub.), *Anthemis arvensis* L., *Ormenis mixta* Cass., *Linaria spartea* Hoffm. et Link, *Plantago arenaria* Waldst. et Kit., *Rumex bucephalophorus* L., *Cynodon Dactylon* Pers. On y rencontre aussi, çà et là: *Astrocarpus purpurascens* Walpers, *Lupinus reticulatus* Desv., *Anthoxanthum Puelii* Lecoq et Lamotte, *Chamagrostis minima* Borkh. Les plantes que je viens de nommer croissent dans les cultures. Celles que je vais encore citer semblent se plaire davantage, soit au bord des sentiers, soit dans les lieux incultes ou en friche: *Cerastium brachypetalum* Desp., *Linum gallicum* L., *Ornithopus perpusillus* L., *Anthemis Cotula* L., *Kœleria phleoïdes* Pers., *Lepidium graminifolium* L., *Polygala depressa* Wend., *Spergularia rubra* Pers., *Malva nicæensis* All., *Plantago Coronopus* L.

Bergerac, point de départ des longues recherches que j'ai faites dans ses alentours, peut être regardé comme le centre de la plaine dont j'ai signalé quelques-unes des productions végétales. D'autres plantes, en grand nombre, qui vivent sur les bords de la Dordogne ou sur les côteaux environnants, méritent une mention particulière.

Dans l'intérieur de la ville, on trouve sur une muraille le *Sisymbrium polyceratium* L.; sur la vieille église, le *Linaria Cymbalaria* Mill.; dans une rue du faubourg qui avoisine le Séminaire, l'*Amaranthus prostratus* Balb. En aval du pont, sur la berge de la rive droite de la Dordogne, au lieu appelé le *Petit-Salvette,* l'*Ecballium Elaterium* Rich. défend ses graines mûres contre la main qui cherche à cueillir son fruit, en les dispersant au moyen d'une décharge fétide et corrosive de la pulpe liquide dont sont remplies les valves élastiques de sa péponide (1).

Vers le pied de la berge se montrent les *Nasturtium sylvestre* R. Br., *Potentilla anserina* L. et *Cyperus badius* Desf.; à quelques pas plus loin, dans le lit même de la rivière, le *Batrachium fluitans* Lam. est accompagné de sa forme terrestre dispersée sur le sable humide, et produisant des fleurs nombreuses; à côté, le *Butomus umbellatus* L.; dans le champ qui est au-dessus de la berge, croît abondamment l'*Equisetum ramosum* Schleich.; sur la berge elle-même, mais à l'embouchure du Codeau, le *Verbascum thapsiforme* Schrad.; dans une chènevière près de la même embouchure, l'*Orobanche ramosa* L., et, tout à côté de cette dernière espèce, l'*Agropyrum acutum* Rœm. et Sch.

Je quitte les bords du Codeau pour visiter Prigonrieux, distant de cinq ou six kilomètres. J'y observe: autour de l'église, *Brassica Cheiranthus* Vill.; dans une haie herbeuse, au bord du ruisseau qui coule à côté, *Sison Amomum* L.; plus bas, sur la berge du même ruisseau, *Aspidium angulare* Kit.; sur le gravier de la rive gauche de la Dordogne, du côté de Lamonzie-Saint-Martin, *Plantago Cynops* L., et *Euphorbia Gerardiana* Jacq.; en remontant vers Bergerac, sur la rive droite, près du Nébous, dans un fossé aquatique, *Œnanthe Phellandrium* Lam. et *Hydrocharis morsus ranæ* L.; à Gala, au-dessus d'un cours d'eau, *Viburnum Opulus* L.

Je reviens au bord du Codeau, dont les rives m'offrent une riche

(1) Ce singulier caractère physiologique, qui semble appartenir en propre aux Balsaminées, est fort rare chez les Cucurbitacées, où il a été retrouvé récemment par M. Naudin, sur une espèce nouvelle de *Cyclanthera* (*C. explodens* Ndn.).

moisson : *Trifolium angustifolium* L. sur la berge du ruisseau, près de son embouchure ; *Hesperis inodora* L. qui, d'après l'avis généralement adopté, ne doit pas être séparé spécifiquement de l'*H. matronalis* L., sous le moulin du Pont-Roux ; *Chrysosplenium oppositifolium* L., dans un trou creusé sur la berge du ruisseau, d'où s'échappe une petite source, entre le moulin et le pont ; *Equisetum hiemale* L., dans une haie près du chemin, à côté du pont ; *Malachium aquaticum* Fries, près du même endroit ; *Primula acaulis* Jacq., lieu frais, le long du ruisseau ; *Euphorbia stricta* L., à Saint-Onger ; *Muscari botryoides* DC., dans un pré, sur la rive droite du même ruisseau, entre Saint-Onger et le Bout-des-Vergnes ; *Melampyrum arvense* L., lieu inculte, au-dessous du moulin du Bout-des-Vergnes (M. Dufayot) ; *Fumaria parviflora* Lam., terre remuée, rive droite, au-delà de la route (M. Ad. Soulet) ; *Carex pseudo-cyperus* L., dans une mare, même rive (M. l'abbé Fournier) ; *Valeriana dioïca* L., un peu plus haut, dans un petit bois de vergnes (*Alnus glutinosa* Gærtner) : *Adonis flammea* Jacq. et *Coronilla scorpioides* Koch, dans le champ argileux qui est à côté ; *Adonis autumnalis* L., répandu dans les champs cultivés qui avoisinent le Codeau, rive droite, près de Saint-Martin ; *Xanthium strumarium* L., sur le chemin de Rosette, et tout près de là, *Echinospermum Lappula* Lehm., dans une vigne ; *Ophrys aranifera* Huds., dans un pré ; *Festuca loliacea* Huds., dans un autre pré, sur la rive gauche du même ruisseau, derrière l'abattoir de Bergerac ; *Thalictrum flavum* L., dans le fossé qui borde ce pré.

Je ne dois pas oublier quelques autres plantes qui croissent entre Bergerac et la rive gauche du Codeau, à l'Ouest. Ce sont : *Trifolium hybridum* L., *Polycarpon tetraphyllum* L., *Matricaria Chamomilla* L., dans le jardin du Petit-Séminaire ; *Bromus secalinus* L., dans la cour de cet établissement ; *Papaver argemone* L., *Veronica triphyllos* L., *Apera Spica venti* Pal. Beauv., *Gastridium lendigerum* Gaud., dans les champs sablonneux qui avoisinent le même établissement ; *Cynoglossum pictum* Ait., autour du cimetière des Catholiques, le long du chemin ; *Chrysanthemum segetum* L., entre le même cimetière et le moulin de Caville, au bord d'un champ. Si, en cet endroit, on s'approche du ruisseau, on aperçoit des feuilles rubanées qui couvrent le fond de son lit (1er août 1845). Ce sont des touffes de gaines, transformées en feuilles, du *Scirpus lacustris* L. (forma *foliosa* Ch. Des Moul.).

Traversons la Dordogne ; la plaine, sur la rive gauche, diffère peu de celle que nous quittons. On a devant soi les côteaux de Montbazillac et du Fuma, qui produisent le vin blanc très-estimé, dit *de Bergerac*. Le *Nasturtium amphibium* R. Br. croît dans un fossé, au bourg de la Madeleine; le *Carex disticha* Huds. dans un pré humide, entre Bergerac et Saint-Laurent. Au pied du côteau, près de la route d'Eymet, *Helminthia echioides* Gærtn.; au bord des fossés de la montée, *Peucedanum Cervaria* Lap. et *Odontites Jaubertiana* Bor. L'*O. chrysantha* Bor.? se montre dans le champ qui est au-dessus. Au sommet du côteau se trouve une de nos espèces montagnardes, *Lonicera Xylosteum* L.; puis, après une vigne où croît le *Calendula arvensis* L., on atteint le moulin à vent de *Malfourra*.

De ce point, on domine la plaine, au milieu de laquelle serpente la Dordogne : elle est magnifique! Son étendue depuis Creysse, qui se montre à l'Est, jusqu'à Sainte-Foy-la-Grande à l'Ouest, est d'environ 25 kilomètres en longueur, et de 10 à 12 en largeur. On a tout près de soi, vers la droite, le château de Montbazillac; en face, les vignobles qui bordent la vallée au Nord et au Nord-Ouest, les Farcies, Mont-de-Neyrac, Rosette, le Bout-des-Vergnes, Pessiau; à gauche, la hauteur appelée Manelou, au-dessus du Monteil. Là, j'ai observé certaines Orchidées qui semblent y vivre en société : *Platanthera bifolia* Rich., *P. chlorantha* Cust., *Ophrys apifera* Huds., *O. Scolopax* Cav., *Neottia ovata* Rich., *Himanthoglossum hircinum* Rich. Derrière la hauteur et au Sud, à environ 20 kilomètres, se trouve Eymet sur le Dropt. Là croissent : sur les ruines du château, *Cheiranthus Cheiri* L., *Dianthus Caryophyllus* L.; dans une fontaine, à l'Est, *Nymphæa alba* L., qui vit aussi dans le Dropt. Dans un pré, sur la rive gauche de cette rivière, *Sonchus arvensis* L.; au bord de la même rivière, *Euphorbia verrucosa* L.; dans son lit, *Sagittaria sagittæfolia* L.; sur un côteau voisin, exposé au midi, *Lathyrus latifolius* L., *Xeranthemum cylindraceum* Sm., *Linum strictum* L., *Ophrys Scolopax* Cav.; sur un côteau voisin, derrière le village de La Roque, *Dendranthema Parthenium* Ch. Des M. (*Matricaria* L.); sur la hauteur appelée *Pey de La Roque*, *Coriaria myrtifolia* L. — En revenant, du moulin de *Malfourra* à Montbazillac, j'ai rencontré : dans le parc du château, *Sanicula europæa* L., *Orchis fusca* Jacq., *Anacamptis pyramidalis* Rich.; sur le mur de clôture du parc, *Cheirantus Cheiri* L. Le *Cephalanthera ensifolia* Rich. croît au Faget, près Montbazillac; et le *Linosyris vulgaris* Cass. un peu plus loin, vers l'Est, au bord de la route de Bergerac à Agen, sous le Colombier.

En rentrant à Bergerac par la plaine, on voit le *Trifolium maritimum*

Huds., abondant dans les prés voisins du château des Termes ; dans les fossés du château de Lespinassat, *Ranunculus sceleratus* L. ; dans un champ voisin, *Lathyrus Nissolia* L., et *Trifolium striatum* L. ; près de Bergerac, au bord d'un fossé desséché, *T. glomeratum* L. ; à l'entrée de la ville, sur la rive gauche et en amont du pont, se trouvent trois espèces dignes d'intérêt : derrière les maisons, *Lolium multiflorum* L. ; plus loin, sur la berge, *Smyrnium Olusatrum* L. (M. de Dives), et *Heracleum Lecokii* Godr. et Gren. ; vis-à-vis, sur la berge plus chaudement exposée de la rive opposée, *Gnaphalium luteo-album* L., *Centaurea solstitialis* L. (M. E. de Biran), *Corynephorus canescens* Pal. Beauv., *Bunias Erucago* L., *Salvia Sclarea* L.

Je passe au nord de la ville, où M. de Dives m'a fait recueillir, au bord d'un fossé, le *Cochlearia Armoracia* L. Un peu plus loin, dans un autre fossé voisin de la rive gauche du Codeau, vit le *Leersia oryzoides* Sw. De là, et en se dirigeant sur Pombonne par la même rive, il faut s'arrêter dans le bois de Corbiac.

On peut faire là, ou dans le voisinage, d'excellentes récoltes : au bord du bois taillis, *Potentilla splendens* Ram. ; vers le fond du même bois, *Androsæmum officinale* All., *Luzula pilosa* Willd. ; dans un enfoncement, *Aspidium aculeatum* Sw. ; plus loin, *A. angulare* Kit. ; dans l'intérieur du bois, *Isopyrum thalictroides* L., *Cardamine impatiens* L., *Scilla bifolia* L., *Polygonatum multiflorum* All. ; au fond, sur les bords du ruisseau, *Euphorbia dulcis* L. et *Carex sylvatica* Huds. ; en dehors du bois, dans un endroit rocailleux et ombragé, *Fragaria elatior* Ehr. ; un peu plus loin et au-dessous, au bord d'un pré, *Salix amygdalina* L. ; au bord du ruisseau, à côté de la passerelle, *Thalictrum flavum* L.

En suivant la vallée du Codeau, et laissant Lembras à gauche, on arrive à la Ribérie.

Sur le côteau voisin et en friche, au-dessus de la route, en face du village, le *Micropus erectus* L. se fait remarquer par son duvet cotonneux, qui rend ses fleurs et ses graines invisibles ; sur le côteau opposé, au nord, le *Polygala calcarea* Sch., le *Linum salsoloides* Lam. et le *Buxus sempervirens* L. ; près du même village, du côté de Cayzac, on retrouve le *Calendula arvensis* L.

Au retour, l'*Helichrysum Stœchas* DC., orne, par ses capitules d'un jaune luisant, le bord de la route, où il abonde entre la Ribérie et Lembras. A droite, la crête du côteau nourrit l'élégant *Kœleria valesiaca* Gaud., et cette singulière orchidée qui doit son nom d'Orchis bouquin,

*Himanthoglossum hircinum* Rich., autant à la forme de ses fleurs qu'à son odeur de bouc. A gauche et à côté du presbytère de Lembras, est un rocher que la grande Pervenche, *Vinca major* L. décore, au printemps, de ses belles fleurs bleues. Dans le jardin du presbytère, *Erodium moschatum* L'Hérit.; dans le champ voisin, au Sud, *Asparagus officinalis* L., probablement échappé des cultures, *Diplotaxis viminea* DC., et *Erythræa pulchella* Fries. Plus loin, sur la pente que parcourt la route, aux abords de l'avenue de Malsinta, *Chlora perfoliata* L., *Ophrys Scolopax* Cav., *O. aranifera* Huds., et au bord d'un fossé nouvellement creusé, *Chrysanthemum segetum* L. Dans un pré voisin et très-humide, *Carex Hornschuchiana* Hoppe; plus à l'Est, au bord d'un fossé, *Aira cæspitosa* L.; sur la rive gauche du Codeau, à côté du pont de bois, *Rosa andegavensis* Bast.; un peu plus bas, dans un fossé et dans la fontaine que domine la route, *Zannichellia palustris* L.; au bord de cette route, *Teesdalia nudicaulis* R. Br.; au bord du champ situé entre la nouvelle et l'ancienne route, près d'un taillis, *Potentilla argentata* Jord.; dans le même champ, *Tolpis umbellata* Bert., qui n'est pas rare au nord-ouest de Bergerac; enfin, au-dessus du taillis, du côté de Malsinta, *Centaurea serotina* Bor.

En traversant la vieille route, on passe près d'un pré ou croît, au printemps, le *Primula officinalis* Jacq. qui manque dans toute la plaine, et l'on arrive au pied de la colline appelée Mont-de-Neyrac, à l'ouest de Pombonne. Sur la droite, en montant par un chemin peu pratiqué, on retrouve le *Rosa andegavensis* Bast.; puis, dans un bois situé sur la colline, *Ervum tetraspermum* L., *Laserpitium latifolium* L., *Luzula multiflora* Lej., *Carex pallescens* L., *Arrhenatherum Thorei* Du Rieu *in* Des Moul. Catal.; dans un champ voisin, *Saponaria Vaccaria* L.

Le côteau qui s'étend depuis le Mont-de-Neyrac jusque vis-à-vis le Bout-des-Vergnes, est loin d'offrir une pareille réunion de *bonnes* plantes calcicoles; le terrain y est caillouteux, mais mêlé d'argile. On y trouve des individus clair-semés de *Veronica acinifolia* L., et dans un lieu frais et inculte, à Rosette et ailleurs, l'*Euphorbia pilosa* L.

Au Bout-des-Vergnes et sur les côteaux voisins, je signalerai quelques espèces dignes d'intérêt : dans une vigne au nord du village, *Tragopogon major* Jacq., *Allium Ampeloprasum* L., (*A. polyanthum* Rœm. et Sch., Boreau), et au bord de la même vigne, *Podospermum laciniatum* DC.; dans les champs cultivés à l'Ouest, *Eufragia viscosa* Benth.; à l'Est *Eragrostis pilosa* Pal. Beauv.; autour du village, *Ranunculus scelera-*

*tus* L. ; dans la propriété du Petit-Séminaire de Bergerac, *Barbarea præcox* R. Br., *Trifolium angustifolium* L., *Lotus hispidus* Desf., *L. diffusus* Sol., qui ne doit pas être confondu avec *L. angustissimus* L., *Peplis portula* L., *Stachys arvensis* L., *Allium Amansii* Bor. (*A. pallens* Saint-Amans, non L.). Les bords du fossé profond qui environne cette propriété, nourrissent les plantes suivantes : *Epilobium tetragonum* L., *Ervum tetraspermum* L., *Calamagrostis epigeios* Roth ; un peu au-dessus, dans des lieux incultes : *Rosa gallica* L., *Platanthera bifolia* Rich., *Carex pallescens* L., *Orobanche Ulicis* Ch. Des Moulins, sur les racines de l'*Ulex nanus* Sm. ; cette orobanche me paraît distincte de l'*O. cruenta* Bertol.

Je signalerai encore, du côté de Sainte-Foy-des-Vignes, *Lythrum hyssopifolia* L., *Spiranthes æstivalis* Rich. ; et à l'ouest du village, dans un lieu frais du vallon de Sarrasi, *Luzula maxima* DC.

En sortant du vallon de Sarrasi, on entre dans celui de Sansère, qui aboutit au sud à la plaine de Bergerac. Sur le penchant de la colline, au nord-ouest du village de Sansère, un lieu humide et boisé offre le *Lobelia urens* L., et le *Pedicularis sylvatica* L. Le *Montia minor* Gm. croît tout à côté dans un endroit sablonneux et un peu humide ; on trouve aussi, aux bords du ruisseau et d'une mare, et dans les prés humides qui s'étendent jusqu'à la route, *Cirsium palustre* Scop., *C. anglicum* Lam., *Caltha palustris* L., *Carum verticillatum* Koch. ; *Gymnadenia conopsea* R. Br., *Ophrys fusca* Willd., *Spiræa Filipendula* L. Sur le côteau qui domine cette route, à l'Ouest, croît le *Cistus salvifolius* L., très-rare dans le département, et l'on trouve, dans le pré marécageux situé au pied du même côteau, *Myosotis strigulosa* Reichb. et *M. lingulata* Lehm., *Orchis viridis* All. et *Fritillaria meleagris* L. Un peu plus loin, près du château de Labaume, *Scirpus sylvaticus* L. ; au bord d'un taillis, entre Toutifau et Pessiau, *Triodia decumbens* Pal. Beauv., *Ornithopus ebracteatus* Brot. ; dans un champ voisin, à l'Ouest, *Illecebrum verticillatum* L. ; sur le côteau qui domine Pessiau, dans une vigne, *Lotus diffusus* Soland.

Je ne dois pas omettre de signaler, dans la vallée de la Dordogne, quelques autres plantes, qui ne sont pas rares au nord-ouest de la ville de Bergerac, et qui méritent une mention. Les unes, telles que *Papaver Argemone* L., *Neslia paniculata* Desv., *Vicia bithynica* L., *V. uncinata* Desv., *V. segetalis* Thuill., *Lathyrus sphæricus* Retz., *Buplevrum protractum* Link., *B. rotundifolium* L., *Orlaya grandiflora* Hoffm.,

*Turgenia latifolia* Hoffm., *Specularia hybrida* A. DC., *Eragrostis megastachya* Link., *Briza minor* L., y croissent dans les cultures. D'autres, telles que *Ranunculus parviflorus* L., *Senebiera coronopus* Poir., *Draba muralis* L., *Moenchia erecta* Fl. der Wetter., *Malva nicæensis* All., *Oxalis corniculata* L., y recherchent les lieux incultes et gazonnés. Les *Orchis laxiflora* L., *ustulata* L. et *coriophora* L., s'y montrent dans les prés gras. On y voit aussi le *Serapias lingua* L., qui semble préférer les prés secs et les pelouses. Le *Vicia Bobartii* Forst., s'y fait remarquer sur la lisière des bois, par ses fleurs rouges. L'*Equisetum Telmateia* Ehrh. y tient dressées, pendant les premiers jours du printemps, au bord des fossés gras et humides, ses grosses tiges fertiles, et le *Vinca major* L. y élève timidement sa tête, au pied des haies.

Avant de quitter cette immense plaine, que domine à l'Est la flèche hardie du clocher de la nouvelle église de Bergerac, je salue en passant ce beau monument, honneur de la contrée, et me dirigeant vers le N.-O., j'entreprends l'étude de la vallée de l'Isle.

De Monpont, où l'on voit, près de l'église, le *Sisymbrium polyceratium* L., je me hâte de descendre dans la plaine de Ménesterol, paroisse qui, pendant plusieurs années, fut confiée à mes soins, et où je retrouve de précieux souvenirs. Sur la rive droite de l'Isle, près et en aval du pont, l'*Althæa officinalis* L. montre ses jolies fleurs rosées, et le *Thalictrum flavum* L. son gracieux feuillage. Plus bas encore, le *Trapa natans* L. étale, à la surface du courant, ses feuilles deltoïdes, à pétiole ballonné, tandis qu'à côté de lui le *Batrachium fluitans* Lam. laisse mollement flotter ses longues tiges. L'*Hydrocharis morsus ranæ* L. est cantonné près du rivage, à l'entrée du canal qui conduit l'eau à l'écluse, et se mêle aux tiges nombreuses du *Scirpus lacustris* L. Je dois signaler aussi, en cet endroit : *Cyperus badius* Desf, *Carex pseudocyperus* L., et *Leersia oryzoides* Sw. L'*Ervum gracile* DC. croît en abondance dans le champ situé derrière la maisonnette de l'éclusier.

L'église de Ménestérol est fort ancienne et incontestablement la plus remarquable de la vallée de l'Isle; on l'a restaurée depuis peu, et elle mérite d'être visitée.

L'*Hordeum secalinum* Schreb. a paru une seule fois à côté du chemin, non loin de l'église. L'*Amaranthus albus* L., s'est montré aussi une seule fois au coin du presbytère, du côté du jardin; il provenait évidemment d'un échantillon en fruits mûrs, que j'avais récolté quelque temps auparavant aux bords de la Garonne, près de Marmande.

A l'ouest de Ménestérol, et en laissant à gauche Salazard, où je rencontrai en 1849, dans un fossé, l'*Alopecurus fulvus* Sm., le lieu dit Barbaroux appelle spécialement mon attention. C'est là que le 25 mai de la même année 1849, j'ai observé pour la première fois la renonculacée à laquelle j'ai donné le nom de *Batrachium radians*. Lorsque le commencement du printemps a été pluvieux, elle abonde dans tous les fossés, et s'y maintient jusqu'à la fin de juin. Si, au contraire, les fossés ont été peu alimentés, comme en 1863 (17 juin) elle y est rare. Ce jour-là, dans un fossé profond, dont un tapis continu de *Callitriche platycarpa* Kutz. recouvrait les eaux, je rencontrai le *Batrachium trichophyllum* Chaix, et dans le champ non cultivé qui l'avoisine, le *Xeranthemum cylindraceum* Sm.

Un peu plus bas, dans un autre fossé presque desséché, je revois enfin le *Batrachium radians* parfaitement caractérisé et — il me sera permis d'insister sur cette remarque — que les *quatorze* générations qu'il a traversées n'ont nullement modifié.

Plus bas encore, dans les prés et les fossés de Marcillac et des Grilhauds, le *Pedicularis palustris* L., l'*Isnardia palustris* L. et le *Peplis Portula* L., annoncent la nature marécageuse du terrain, tandis qu'au bord du chemin qui longe la plaine, et dans les moissons environnantes, les *Trifolium angustifolium* L., *Ornithopus roseus* Duf., *O. compressus* L., et *Linaria spartea* Hoffms. et Link, accusent la présence des sables. Un fossé plein d'eau stagnante est égayé par les petites corolles blanches, striées de rose du *Veronica scutellata* L., et le *Batrachium aquatile* Wimm. y déploie ses dernières fleurs. Le *Myosotis strigulosa* Reich. semble avoir disparu du pré voisin, où il était jadis si abondant. Au Terrier-Tombat je trouve, au bord d'un champ cultivé, le *Cynosurus echinatus* L., mais je cherche en vain le *Fumaria parviflora* Lam. dans un jardin potager, où il foisonnait autrefois. Laissant au Nord le village des Juches, où je découvris en 1849, au pied d'une haie, le *Fumaria Borœi* Jordan. Je suis, sur la droite, un sentier, au bord duquel se rencontrent le *Silene gallica* L., le *Lotus hispidus* Desf., et qui me conduit à la station d'un autre *Fumaria*, abondant dans un jardin potager au Palénas; c'est bien la forme que j'y observai il y a 14 ans, forme intermédiaire aux *Fumaria Borœi* Jord., et *F. Bastardi* Bor., laquelle, à mon avis, doit être rapportée à cette dernière espèce.

Je n'ai pu retrouver, en 1863, le *Lepidium Smithii* Hook. et le *Nasturtium pyrenaicum* R. Br., détruits sans doute par la dépaissance du bord du chemin, près de l'ancienne métairie du Paléuas. Le *Ranunculus ophioglossifolius* Vill. croît un peu plus haut, dans un fossé. Le *Scilla autumnalis* L. a élu domicile dans une friche, entre le Palénas et les Grilhauds. La période de végétation est passée pour les trois premières de ces plantes, et n'a pas encore commencé pour la dernière (17 juin).

En allant à la Gravette, et sans m'arrêter au vulgaire *Plantago Coronopus* L., je vais droit au taillis où j'avais observé, il y a plusieurs années, l'*Arenaria montana* L. Il y manque aujourd'hui. Un peu plus loin, au bas du côteau de la Rose, on voit : *Helianthemum guttatum* Mill., *Filago gallica* L., *Corynephorus canescens* Pal. Beauv. Le lieu appelé le Gollier, près de Marzac, est à droite : c'est là que j'avais découvert, en mai 1850, le *Lepidium Smithii*.

Vers le sommet de ce côteau, d'où l'on domine le village de Marzac, l'*Arrhenaterum Thorei* Duby, se montre çà et là; et un peu plus haut encore, l'*Alisma natans* L., nage dans un fossé. En face et vers le Nord, on voit le village de Marragoux, deuxième localité où j'observai jadis le *Fumaria Borœi*, toujours au pied d'une haie. Lamarzeix est à une petite distance vers l'E. On y trouve le *Ranunculus chærophyllos* L., au bord d'un chemin ; le *Lupinus reticulatus* Desv., dans un champ sablonneux ; l'*Utricularia vulgaris* L., dans l'étang situé près du village ; le *Myosotis palustris* With., et le *Pinguicula lusitanica* L., au-dessous, dans un lieu frais et ombragé.

A l'E., le plateau de Montignac offre quelques plantes qui méritent une mention particulière : près et à l'ouest de la petite église, sur un plan incliné, très-exposé au soleil, *Lychnis coronaria* Lam., dont l'indigénat me paraît douteux ; dans une haie, près du cimetière, une 3me station du *Fumaria Borœi* ; et dans le fossé voisin, *Renonculus sceleratus* L. ; un peu plus loin, vers le Nord-Est, lieu dit les Joignies, sur le bord d'un chemin, *Nasturtium pyrenaicum* R. Br. L'abbaye de Vauclaire bâtie au-dessous de Montignac, sur la rive droite de l'Isle, et qui se trouvait dans un état de conservation peu ordinaire, a été heureusement rendue, depuis quelques années, à sa destination primitive : les disciples de Saint-Bruno peuvent s'y livrer paisiblement aux pieux exercices de la vie solitaire. L'*Arabis sagittata* DC. croît sur le mur d'enceinte au Nord, et dans un pré à l'Ouest, *Spiranthes autumnalis* Rich., et *Stachys palustris* L.

Du point élevé où mon herborisation m'a conduit, la vue s'étend au loin dans la plaine : à l'Est, jusqu'à Mussidan ; et à l'Ouest, jusqu'au delà des limites du département de la Dordogne, dans celui de la Gironde. L'Isle, contrariée dans son cours par divers barrages destinés à élever son niveau, y promène ses eaux bourbeuses entre des rives d'un aspect triste et dénudées par le service du hallage.

Au Sud et au-delà de Monpont, s'élève le mamelon isolé qui porte le nom de la Tour. Il avoisine le lieu où je rencontrai, le 22 juin 1849, le *Vicia cassubica* L., au bord de l'ancien chemin de Monpont à Sainte-Foy-la-Grande.

En descendant, je trouve à Marzac, dans un mince filet d'eau, le *Montia rivularis* Gm., et plus bas, dans un fossé bien connu de moi, le *Batrachium tripartitum* Sch.; l'*Alopecurus bulbosus* L. habite un pré voisin. Sur la gauche, un autre pré dépendant du village de Virolle, au-dessous de Merlerie, offre une nouvelle station de *Lepidium Smithii* Hook.

La saison est trop avancée pour permettre de retrouver à l'E. du bourg de Ménestérol, le *Ranunculus ophioglossifolius* Vill. que j'y ai observé autrefois dans un fossé, au bord du chemin qui rejoint la route départementale. Le *Linum gallicum* L. étale dans un champ peu éloigné de cet endroit, ses petites fleurs jaunes, disposées en corymbe paniculé.

Tel est l'ensemble de ce que la plaine de Ménestérol et les côteaux environnants offrent de plus remarquable en fait de phanérogames. La surface de cette plaine est peu élevée au-dessus du niveau de l'Isle : aussi est-elle souvent envahie par ses eaux, surtout depuis que la rivière a été canalisée. Quoique cette plaine soit sablonneuse, elle retient les eaux pluviales, qui vont se réfugier dans les fossés dont elle est sillonnée en tout sens : c'est ce qui explique la présence des nombreuses plantes aquatiques qui y vivent.

Je n'ai fait qu'une courte apparition, en 1863, dans la vallée de la Crempse, qui débouche dans celle de l'Isle à Mussidan, et je n'ai que deux plantes à y signaler, mais elles sont rares : *Rhagadiolus edulis* Gaertn. au bord d'un chemin, sur la rive droite de la Crempse, à l'entrée de Mussidan, où elle a été découverte par M. Oscar de Lavernelle (3 juin 1852); *Centranthus calcitrapa* Dufr., à l'extrémité opposée de la vallée, sur un mur, dans le jardin du presbytère de Beauregard.

A l'E. de Beauregard, une charmante bruyère à fleurs d'un rose tendre (*Erica vagans* L.) couvre la lisière du bois de Fouleix; le vallon de Fouleix commence et se dirige vers le Sud. Là, des fleurs d'un rose vif et foncé annoncent la présence du *Cephalanthera rubra* Rich. Un peu plus loin, sous le jardin de l'Hospice du Coder, les fleurs jaunes et les feuilles ternées de l'*Oxalis corniculata* L. se mêlent au gazon.

Les autres plantes intéressantes qui appartiennent au même vallon, ou à ses environs, sont en petit nombre : *Acer monspessulanum* L. à l'ouest, près du village d'Hiéra ; *Myosotis lingulata* Lehm. dans le vallon très-humide, au-dessous de Fouleix ; *Primula acaulis* Jacq., et *P. officinalis* L., qui se montrent çà et là, parfois accompagnés du *P. variabilis* Goupil, leur hybride probable ; *Ophrys pseudospeculum* DC., qui paraît, au commencement d'Avril, sur le côteau de l'Hermitage, à l'Est ; *Fumaria Vaillantii* Lois., qui abonde dans les champs cultivés, près du village appelé Pécanel, tout près du vallon ; *Orobanche epithymum* DC., qui parfume les friches ; *Gymnadenia odoratissima* Rich., dans l'intérieur du vallon près du moulin de Galet ; enfin *Saponaria Vaccaria* L. dans un champ cultivé, à l'entrée du vallon, près du village du Luquet.

Nous voici parvenus à la vallée du haut Codeau. On la traverse pour aller vers le Sud ; et en descendant du côteau qui est en face du château de Lavernelle, on trouve : *Ononis Natrix* L., *Convolvulus cantabrica* L., *Epipactis microphylla* Sw., *Aspidium Thelypteris* Swartz., et, au bord du ruisseau qui coule au pied du même côteau, *Anagallis tenella* L. Le *Blechnum Spicant* Sm. habite les trous creusés pour l'extraction du minerai de fer, sur divers points du bois de Lavernelle. Le *Nepeta Cataria* L. vient au bord d'un chemin, près de la forge de Monclard. La découverte de ces diverses plantes est due à M. Oscar de Lavernelle.

La vallée de la Dordogne est proche, et j'ai hâte de la rejoindre, à 8 kilomètres en amont de Bergerac, pour y indiquer encore quelques bonnes localités.

Au-dessus de Mouleydier, près de l'endroit ou croît en Mai l'*Orchis fusca* Jacq., la vue plonge presque à pic sur le fleuve, qui s'est creusé un lit profond dans le roc vif ; ses deux rives forment un contraste frappant. La rive droite, sur laquelle est pratiqué le chemin de hallage, est entièrement nue, tandis que la rive gauche est couverte de verdure et boisée de distance en distance. Sur le chemin de hallage, entre Mouleydier et Creysse, l'*Euphorbia Gerardiana* Jacq. frappe les regards par son élégant feuillage. La berge herbeuse et ombragée qui donne l'hospitalité à l'*Arabis alpina* L. descendu de l'Auvergne, au *Lychnis diurna* Sibth., à l'*Heracleum Lecokii* Godr. et Gr. et au *Crepis paludosa* Mœnch, est en face. Je ne dois pas omettre le *Doronicum pardalianches* L., qui abonde le long de la même berge, ni le *Panicum vaginatum* Sm., Gren., et Godr., qui, venu d'Amérique, puis de Bordeaux, s'est naturalisé là et ailleurs, dans le lit de la rivière, d'où il ne se propage pas dans l'intérieur des terres.

Les champs sablonneux, voisins de la rive gauche, n'offrent rien de nouveau pour la flore duranienne, à l'exception du *Petroselinum segetum* Koch, découvert dans les moissons par M. Eug. de Biran.

Au sud-ouest du domaine des Guischards qui appartient à ce botaniste, se trouve le fossé au nord duquel nous rencontrâmes, le propriétaire et moi, en avril 1846, le *Veronica montana* L., et une forme extraordinaire du *Cardamine sylvatica* Link, que j'ai nommée, probablement à tort, *C. duraniensis* : cette forme n'y a plus reparu. Je dois mentionner, autour du même domaine, *Stellaria uliginosa* Murr., *Alopecurus fulvus* Sm., *Hordeum secalinum* Schreb., et enfin, *Arabis sagittata* DC., qui végète sur la pente d'un ravin, près de la rive gauche. Je dois la plupart de ces plantes à l'obligeance de M. Eug. de Biran.

A travers les arbres qui bordent la Dordogne, on aperçoit vers l'Ouest l'église de Creysse. Le *Salvia verbenaca* L. croît devant la porte de cette église, et sous la terrasse du château de Tiregand, à un ou deux kilomètres de Creysse.

En remontant les bords de la Dordogne, je signalerai près du port de Lanquais, *Verbascum thapsiforme* Schrad.; au haut de la berge, *Psoralea bituminosa;* enfin, sur un rocher éboulé de la même berge, *Ononis Columnæ* All.

Je fais une courte station au Bugue, après avoir récolté, le long de la route en corniche qui domine la rivière et qu'on nomme le *Cingle du Bugue : Linum salsoloides* Lam., *Cytisus supinus* L., *Ononis Natrix* L., *Inula montana* L.; au-dessus, sur la pente raide et scaturigineuse, *Schœnus nigricans* L.; et au bord de la Vézère, au-dessous du Bugue, *Potentilla anserina* L., et *Euphorbia stricta* L.

Continuant mon voyage à travers notre Sud-Ouest, j'entre dans le département du Lot, que je ne fais guère que traverser, en observant l'*Ægilops triuncialis* L. près de Gourdon, au bord de la route qui conduit de cette ville à Cahors.

A Cahors, cependant, une herborisation intéressante m'était réservée. Dans une rue détournée, près du Grand-Séminaire, *Xanthium spinosum* L., *Urtica pilulifera* L., et sur un mur de clôture, *Alsine mucronata* L. Au-delà du Lot, qu'on traverse sur le pont de Valendre, remarquable par les hautes tours dont il est chargé, on trouve à gauche la fontaine des Chartreux. Je recueille sur le chemin qui y conduit : *Melilotus alba* Desrouss., *Centaurea maculosa* Lam., *Podospermum calcitrapifolium?* DC., *Lactuca chondrillæflora* Bor., *Calamintha Nepeta* Clairv., *Aristolochia longa* L.

Voici la fontaine : l'eau qui s'en écoule, remarquable par sa limpidité, est assez abondante pour servir de force motrice aux usines placées dans son voisinage. Une perche, plongée dans le bassin de la source, m'amène plusieurs longues tiges de l'espèce la plus commune peut-être de son genre, *Batrachium trichophyllum* Chaix.

Les escarpements voisins, en apparence stériles, offrent des plantes dignes d'intérêt; ils sont d'un accès difficile. J'eus le plaisir d'en rapporter une assez bonne récolte : *Saponaria ocymoïdes* L., en mauvais état, *Coriaria myrtifolia* L., *Pistacia Terebinthus* L., *Rhus Coriaria* L., *Ononis Columnæ* All., *Psoralea bituminosa* L., *Coronilla Emerus* L., *Cephalaria leucantha* Schrad., *Linosyris vulgaris* Cass., *Aster Amellus* L., *Artemisia camphorata* Vill., *Catananche cœrulea* L., *Phyllirea media* L., *Jasminum fruticans* L., *Chlora perfoliata* L.

Profitant des instants que laisse la diligence, soit aux relais, soit aux montées, je recueille à la hâte, le long de la route de Cahors à Limogne : à Taloné, *Satureia hortensis* L., et *Plantago Cynops* L.; entre Concots et Limogne : *Delphinium cardiopetalum* DC., *Echinospermum Lappula* Lehm., *Euphorbia falcata* L.; au-delà de Limogne, *Crucianella angustifolia* L.

Je prends la route du Cantal, laissant à droite le *puy* ou *puech* de Volf, entre Decazeville et Firmy (Aveyron). Sur la pente méridionale de cette hauteur naissent : *Notholæna Marantæ* R. Br. (M. A. de Barrau), *Lactuca chondrillæflora* Bor., *Biscutella mollis* Lois. En montant la côte de Badignac, je saisis au hasard quelques échantillons de deux plantes bien occidentales, *Scutellaria minor* L, et *Anagallis tenella* L., ainsi que le *Blechnum Spicant* Roth.

Je me contenterai d'indiquer aux environs d'Aurillac, où je m'arrête à peine, *Cerasus Padus* DC., et *Adoxa Moschatellina* L., au bord de la Jordanne; *Barbarea intermedia* Bor., *Sonchus arvensis* L., et *Gagea arvensis* Schult., sur un côteau situé au nord-ouest de la ville. M. de Rudelle m'a communiqué l'*Erica Tetralix* L. et le *Cephalanthera pallens* Rich., récoltés l'un dans la forêt d'Itrac, l'autre dans le bois de la Condamine, près de la même ville.

J'ai hâte de m'acheminer vers les montagnes, en explorant la vallée de la Cère. Mon excursion sérieuse commence à Vic, petite ville renommée, dans les montagnes du Cantal, par ses eaux minérales. Je vois, près de la fontaine minérale, l'*Epilobium obscurum* Schreb., au bord d'une eau courante, et le *Cystopteris fragilis* Bernh., sur un rocher au bord de la Cère. Un peu plus loin, le *Polypodium Dryopteris* L. se montre dans un trou de muraille.

En remontant le cours de cette rivière, on trouve une gorge fort agreste : mon guide lui donne le nom de Trou-de-la-Ruche (*Traou-del-Bourgnou*). On pourrait faire là quelque bonne trouvaille. J'aperçois l'*Arabis cebennensis* DC., caché sous un rocher, dans un recoin humide et presque entièrement privé de la lumière du soleil ; ce genre de station explique son état chétif. Le *Stellaria nemorum* L., l'*Hypericum montanum* L. et le *Saxifraga rotundifolia* L., croissent à côté de cette rare crucifère. Un pied de *Lunaria rediviva* L. tient ses larges silicules suspendues au-dessus de ma tête ; il attend la main qui doit le cueillir, privilége dont je suis redevable à l'agilité de mon guide.

Tout passage est impraticable par le fond du ravin : tournant à droite, je monte le long des bois qui couvrent sa pente. Là abondent : *Actæa spicata* L., *Paris quadrifolia* L., *Luzula nivea* DC., *Calamagrostis sylvatica* DC., et un peu plus haut dans un pré, *Myosotis strigulosa* Reichb. Le *Geranium phæum* L. n'est pas rare sur la rive gauche de la Cère, ainsi que le *Rubus idæus* L. Au-dessous de Thiézac, une masse rocheuse surgit au milieu d'un pré. C'est une sorte d'agglomérat dont le temps me manque pour étudier la nature. Je me contente de cueillir trois plantes, *Saxifraga hypnoides* L., *Scabiosa spreta* Jord., et *Hieracium boreale* Fr., qui croissent sur ses flancs. Le *Saxifraga Aizoon* Jacq., amené sans doute par les eaux, s'est établi au bord de la rivière.

En gravissant péniblement le côteau décharné qui domine Thiézac, je récolte le *Lathyrus sylvaticus* L., dont la racine s'enfonce profondément dans les éboulements pierreux ; le *Centaurea serotina* Bor., et, dans un pré humide, l'*Equisetum limosum* L. En redescendant, pour me rapprocher des bords de la Cère, je rencontre un pied de *Trifolium aureum* Poll., perdu sur le talus qui avoisine la route.

La végétation prend un aspect tout-à-fait montagnard. Le *Gentiana lutea* L. apparaît déjà dans les prairies ; sa taille majestueuse, ses fleurs jaunes, ouvertes en étoile, la font reconnaître de très-loin. Le *Dianthus sylvaticus* Hopp. se montre sur la pelouse. Le *Trifolium spadiceum* L.

n'est pas rare dans les lieux humides, où se dressent ses humbles capitules, d'abord d'un jaune d'or vif, puis très-bruns. Le *Laserpitium latifolium* L. (var *asperum*) paraît sur un rocher au bord de la route. Près du village de Saint-Jacques, la collerette élégante de l'*Astrantia major* L. se montre dans une haie à côté d'un *Primula,* qui présente une particularité digne de remarque: sa capsule est *saillante* (1). Je ne crois pas me tromper en lui donnant le nom de *P. elatior* Jacq. Quelques autres bonnes plantes apparaissent successivement aux bords de la rivière : *Ranunculus aconitifolius* L., *Cardamine impatiens* L., *Impatiens noli-tangere* L., *Ribes petræum* Wulf., *Cirsium Erisithales* Scop., *Crepis paludosa* Mœnch. En montant, au-dessous du hameau des Chazes, la magnifique corolle d'un rose violet du *Geranium sylvaticum* L. attire les regards; un peu plus loin, l'*Epilobium angustifolium* L. montre ses tiges élancées qui se terminent en un long épi de grandes fleurs purpurines. Je laisse les Chazes à gauche pour recueillir au-dessus de la vieille route une chicoracée, *Crepis grandiflora* Tausch, que font apercevoir de loin ses grandes calathides d'un jaune éclatant. Le *Viola sudetica* Willd. étale sur la pelouse sa large corolle tricolore.

Encore quelques pas et j'atteins la croupe du Lioran; c'est une petite montagne située entre les sommets appelés Plomb-du-Cantal et Puy-de-Griou. Sa position offre beaucoup d'intérêt : au S.-O., la vallée de la Cère, et au N.-O. celle de l'Allagnon. Là, les eaux se divisent : celles-ci vont à la Loire par l'Allagnon et l'Allier; celles-là à la Gironde par la Cère et la Dordogne. Une petite source appelée *Fon-de-Cère* vient au jour sur la croupe. Je signalerai dans le bois qui couvre une partie de la surface du Lioran, au Nord : *Dianthus sylvaticus* Hopp., *Rosa alpina* L., *Sambucus racemosa* L., *Lonicera nigra* L., *Vaccinium Myrtillus* L., *Gentiana campestris* L., *Luzula nivea* DC., *Calamagrostis sylvatica* DC. — M. T. Puel y a autrefois observé le *Pyrola secunda* L.

Il me restait à visiter les deux pics que je viens de nommer. Je commençai par le Puy-de-Griou. Au début de l'ascension, dans un endroit un peu boisé, *Aconitum vulgare* DC., Syst. (*A. Napellus* L., var. *v. bicolor* DC., Prod.), *Meconopsis cambrica* Vig. et *Doronicum austriacum* Jacq. Plus haut, les capitules rouges allongés du *Trifolium alpinum* L. qui, grâce à sa souche épaisse et à sa longue racine, brave en définitive

(1) Ce fait rare a été observé, dès 1835, dans les Asturies, par M. Du Rieu de Maisonneuve.

la dent des bestiaux ; le *Lycopodium selago* L. se cache parmi les gazons et, avant d'arriver à la cime, les *Gnaphalium norvegicum* Gunn., *Arnica montana* L., *Phyteuma hemisphæricum* L. et *Luzula spicata* DC. se présentent successivement.

Le sommet du Puy-de-Griou n'est guère qu'un rocher accessible par un seul côté. Je m'attendais à y jouir d'un vaste panorama, mais il faut se résigner : un brouillard épais qu'un coup de vent suffirait pourtant à dissiper, couvre en entier le haut de la montagne........ J'attends, tout en m'approvisionnant de *Meum athamanticum* Jacq., *Hieracium vogesiacum* Moug., *Calamagrostis sylvatica* DC., *Avena montana* Vill., *Festuca spadicea* L. Peu satisfait d'un si maigre butin, je me rejette sur les lichens, qui sont assez abondants sur cette cime : *Cladonia gracilis* Fr., *Cl. rangiferina* Ach., *Cornicularia lanata* Ach., *Ramalina polymorpha* Ach., *Umbilicaria proboscidea* DC., *Cetraria islandica* Ach., *Lecidea fusco-atra* Fr.

Tout à coup, le voile se déchire, et deux immenses précipices sont béants à mes pieds : d'un côté, la vallée de la Cère, que je viens d'explorer; de l'autre, celle de la Jordanne, qui se dirige de l'E. à l'O., et va se confondre avec la première au-dessous d'Aurillac. Le Puy-Mary (1660 mètr.), rival du Plomb, s'élève au N.-E.; le Plomb lui-même, au S.-E., domine toute la contrée.

Le flanc méridional du Puy-de-Griou (1652 mètr.) est très-escarpé ; n'importe, c'est par là qu'il faut descendre. Les *Viola sudetica* Willd., *Dianthus sylvaticus* Hopp., *Silene rupestris* L., *Potentilla aurea* L., *Alchemilla alpina* L., *Meum Mutellina* Gaertn., *Campanula linifolia* Lam., *Calamintha grandiflora* Mœnch, viennent grossir ma récolte.

Le Plomb, à cause de son altitude (1858 mètr.), nourrit des plantes que l'on chercherait en vain sur le Puy-de-Griou. Il est temps de visiter ce dominateur du massif du-Cantal. En entrant dans le bois qui avoisine l'ouverture sud de la percée du Lioran, une haute corymbifère se fait remarquer par ses fleurs jaunes et ses longues feuilles elliptiques-lancéolées, toutes atténuées en pétiole : c'est le *Senecio Fuchsii* Gm., auquel succèdent les *Prenanthes purpurea* L. et *Calamintha grandiflora* Mœnch. Les vieilles branches des sapins (*Abies pectinata* DC.) sont couvertes d'un lichen qui ressemble à une longue barbe d'un blanc jaunâtre : c'est l'*Usnea barbata* DC. que les botanistes modernes ne distinguent pas spécifiquement de l'*U. florida* Hoffm. Celui-ci, dont la forme est buissonneuse, croît dans le bois du Lioran. Les branches des sapins nourrissent aussi l'*Evernia furfuracea* Fr., qui y fructifie abondamment.

Au sortir du bois, j'entre dans les pâturages qui couvrent le versant occidental du Plomb. Sur ces montagnes, tout ce qui n'est pas boisé sert de pacage. De nombreux troupeaux y cherchent leur nourriture et font une guerre acharnée aux divers végétaux qui y croissent. On n'aperçoit de tous côtés qu'une verte pelouse sur laquelle se détachent çà et là quelques pieds de *Dianthus sylvaticus* Hopp., de *Gentiana lutea* L., de *G. campestris* L. Des tapis d'une verdure plus brillante, qu'émaillent les petites fleurs jaunes de l'*Euphrasia minima* Schleich., se présentent de loin en loin. Le *Saxifraga stellaris* L. s'abrite dans le creux d'une rigole humide.

La pente devient plus raide à mesure qu'on s'élève; l'*Alchemilla alpina* L., si remarquable par la teinte argentée et le reflet soyeux de ses feuilles, commence à se montrer. Paraissent ensuite *Biscutella lævigata* L., *Silene rupestris* L., *Potentilla aurea* L., *Agrostis rupestris* All., les *Luzula spicata* DC., et *sudetica* DC. Je ne dois pas omettre le *Silene ciliata* Pourr., jolie plante essentiellement pyrénéenne et qui, au Cantal, semble exilée, ni le *Scabiosa spreta* Jordan, dont le nom, à mon avis, n'est pas heureux. Qui donc aurait pu se permettre de dédaigner une si belle fleur? L'*Anemone alpina* L. dresse fièrement sa tête couronnée par les arêtes plumeuses de ses carpelles, tandis que le *Pedicularis comosa* L. laisse voir ses capsules tristement desséchées et disposées en épi. Le printemps et passé; aussi, l'*Anemona vernalis* L. manque à l'appel, mais j'ai le plaisir de recueillir, à la place peut-être qu'il a occupée, deux belles graminées, *Avena versicolor* Vill. et *montana* Vill.

Les plantes dont les noms suivent ne sont pas rares sur ces hauteurs : *Stellaria uliginosa* Murr., *Sedum villosum* L., *Sempervivum arvernense* Lecoq et Lamotte, *Saxifraga Aizoon* Jacq. et *bryoïdes* L., *Gnaphalium dioicum* L., *Senecio artemisiæfolius* Pers., *Leontodon pyrenaicus* Gouan, *Crepis grandiflora* Tausch., *Campanula linifolia* Lam., *Carex leporina* L., *Aira flexuosa* L.; et parmi les lichens, *Cetraria cucullata* Ach., *Parmelia omphalodes* Ach. et *saxatilis* Ach., *Ramalina polymorpha* Ach.

Du sommet du Plomb, l'œil embrasse un immense horizon; franchissant la foule des pics qui l'entourent, la vue s'étend sur la plus grande partie du plateau central. On voit au Sud et au Sud-Est plus de la moitié du département de l'Aveyron, offrant l'aspect d'une vaste plaine ondulée. A l'Ouest, j'embrasse d'un regard l'ensemble du pays que j'ai déjà parcouru.

Les plantes qui habitent le sommet du Plomb méritent d'être notées avec plus de soin. J'y vois autour de moi : *Viola sudetica* Willd., *Brassica montana* DC., *Meum Mutellina* Gærtn., *M. athamanticum* Jacq., *Polygonum bistorta* L., *Poa alpina* L., *Cerastium arvense* L. ! au lieu du *C lanatum* Lam., ou du *C. Alpinum* L., que je m'attendais à y trouver.

Si l'on compare le Plomb au Puy-Mary, on est frappé de la conformité de leur végétation. M. de Rudelle a recueilli, au sommet du Puy-Mary, un petit nombre de plantes qu'il a bien voulu me communiquer : *Brassica montana*, *Viola sudetica*, *Potentilla aurea*, *Leontodon pyrenaicus*, appartiennent à la liste que je viens de dresser, ou à celle que j'ai donnée plus haut. Trois autres n'ont pas été trouvées par moi, savoir : *Pedicularis verticillata* L., qui n'a jamais été observé sur le Plomb; *P. foliosa* L., que je ne pouvais y retrouver dans une saison si avancée ; enfin, *Cerastium lanatum* Lam., dont je ne saurais à quoi attribuer l'absence, s'il n'était probable qu'il a été dévoré par les bestiaux qui, du reste, ont tout ravagé sur la pente orientale du Plomb. Néanmoins, le *Trifolium badium* Schreb., le *Saxifraga rotundifolia* L. et le *Pinguicula vulgaris* L. ont échappé à leur voracité.

En descendant du Plomb, j'arrive à un endroit appelé par les bergers *Saut-vert*, à un kilomètre environ du sommet; une petite cascade y entretient la fraîcheur. Là vivent ensemble, *Ranunculus aconitifolius* L., *Polygala depressa* Wend., *Geranium sylvaticum* L., *Geum rivale* L., *G. montanum* L., *Alchemilla vulgaris* L., *Valeriana tripteris* L., *Adenostyles Petasites* Bluff et Fing.. *Bartsia alpina* L., *Veratrum album* L., *Luzula Desvauxii* Kunth.

Un peu au-dessus de la cascade, on aperçoit comme une nappe blanche étendue sur le sol : c'est une petite quantité de neige que les chaleurs du mois d'août n'ont pas encore fait disparaître. Tout autour, et à la distance de plus d'un mètre, la terre est nue, et la végétation nulle. Je récolte, cependant, mais un peu en deçà de ce petit désert, le *Plantago alpina* L., accompagné du *Nardus stricta* L.

Le ciel est chargé de nuages épais : quelques-uns rasent la crête de la montagne Un bruit sourd, précurseur de l'orage, se fait entendre. La descente, quoique escarpée, n'est pas difficile et me promet un prompt retour au gîte ; mais, vers le milieu du versant, je suis assailli par une pluie à verse, qui m'accompagne jusqu'aux Chazes.

Il me reste encore à signaler, autour du hameau des Chazes, *Cardamine sylvatica* Link., *C. amara* L., *Dianthus monspessulanus* L.,

*D. deltoides* L., *Vicia Orobus* DC., *Saxifraga stellaris* L., *Lysimachia nemorum* L., *Plantago serpentina* Vill., *Veratrum album* L.

Je quitte les montagnes du Cantal pour faire une excursion sur celles d'Aubrac, en passant par Saint-Flour. Je recueille, comme souvenirs, dans un lieu inculte au nord-est de cette ville, *Lepidium ruderale* L., *Geranium pyrenaicum* L., *Atriplex rosea* L., *Sisymbrium Sophia* L.

Après avoir descendu une longue côte bordée de précipices, j'atteins une vallée, ou plutôt une gorge profonde, qu'entourent de toutes parts des escarpements frappés d'une désolante stérilité.

C'est Chaudes-Aigues. Mon dessein n'est pas d'y faire un long séjour; je veux seulement visiter la source thermale qui donne le nom à cette localité, et jeter un coup-d'œil sur la végétation du voisinage. Avant d'arriver au bourg, trois plantes seulement, croissant au bord de la route, appellent mon regard : *Artemisia campestris* L., *Senecio sylvaticus* L., *S. artemisiæfolius* Pers.

Ce n'est pas sans surprise qu'on voit sortir du pied de la colline, une source très-abondante et d'une température si élevée. On assure qu'elle atteint 90° centigrades; mais privé de thermomètre, je ne puis que reconnaître par les usages auxquels on l'emploie, combien la température de cette eau doit se rapprocher de celle de l'eau bouillante.

Au bord du ruisseau appelé *Remontalou*, et en amont du bourg, on retrouve : *Dianthus sylvaticus* Hopp., *D. deltoides* L., *Impatiens noli-tangere* L., *Doronicum austriacum* Jacq., *Prenanthes purpurea* L., *Paris quadrifolia* L., toutes plantes que j'ai déjà observées dans la vallée de la Cère. Je puis y ajouter seulement : *Sorbus aucuparia* L., *Illecebrum verticillatum* L., *Sedum hirsutum* All., *Wahlenbergia hederacea* Rchb.

La montée qui sépare Chaudes-Aigues du plateau de Lacalm est aisée. On trouve le terrain basaltique un peu avant d'entrer dans le département de l'Aveyron, et l'on arrive à une altitude d'environ 1,100 mètres. De tous côtés, on ne voit que pâturages fréquentés par de nombreux troupeaux. Pauvres plantes! elles sont indistinctement et impitoyablement broutées. Si je n'avais recours à un ami qui a exploré ces montagnes en bonne saison, je serais obligé de rentrer au gîte les mains à-peu-près vides.

Je laisse Alpuech à droite, et je m'avance vers Paulhac. En passant près de la Vaysse, j'observe le *Cystopteris fragilis* Bernh., suspendu à la voûte d'une petite fontaine.

A Paulhac, mon herborisation n'exige pas de longues courses : ma récolte m'attend toute faite; M. Valadier, avec son obligeance accoutumée, met à ma disposition un fascicule de plantes qu'il a recueillies dans le voisinage. L'examen de ce fascicule donne le résultat suivant : *Anemone rubra* Lam., *Actæa spicata* L., *Corydalis solida* Sm., *Melilotus alba* Desrous., *Potentilla anserina* L., *Geum rivale* L., *Saxifraga stellaris* L., *Doronicum pardalianches* L., *Pyrola minor* L., *Hypopithys multiflora*, Scop., *Pedicularis comosa* L., *Thesium alpinum* L., *Orchis sambucina* L., *Neottia ovata* Rich , *N. nidus avis* Rich., *Polygonatum verticillatum* All., *Maianthemum bifolium* DC., *Crocus vernus* All., *Tulipa sylvestris* L., *Erythronium dens canis* L., *Gagea lutea* Schult., *Luzula nivea* DC., *Botrychium Lunaria* Sw.

Je m'achemine vers Laguiole, où croît le *Rumex scutatus* L., sur une muraille au-dessous de l'église. J'ajoute à ma cueillette : *Illecebrum verticillatum* L., sur un chemin, au nord de la même église, près d'une carrière de basalte; *Rubus idæus* L., *Asplenium septentrionale* Sw., *Allosurus crispus* Bernh., dans la même carrière; enfin, l'*Aconitum Lycoctonum* L., qui se cache dans une haie sur le côteau opposé. Près de la route, un pré marécageux est tout émaillé des fleurs blanches du *Parnassia palustris* L.

Le trajet de Laguiole à Aubrac n'est ni long, ni fructueux; car déjà, au mois d'août, on ne fait que suivre la trace des animaux herbivores, et le botaniste est réduit à glaner derrière eux. Je trouve cependant, dans les endroits humides du bois de Laguiole, *Sedum villosum* L., *Pedicularis palustris* L.; sur la lisière du bois de Carrières, *Dianthus sylvaticus* Hopp., *Stellaria nemorum* L., *Senecio artemisiæfolius* Pers., *Gentiana campestris* L. Le *Comarum palustre* L. et le *Juncussquarrosus* L. croissent un peu plus loin, dans un endroit marécageux.

Les pâturages qui sont situés au-dessus du bois de Rigambal n'offrent plus qu'un gazon ras, inutile à explorer. Je me tiens constamment sur la lisière du bois, où je rencontre *Senecio Fuchsii* Gaud., *Gnaphalium norvegicum* Gunn., dans un endroit appelé le Débez; *Prenanthes purpurea* L., *Calamintha grandiflora* Mœnch, *Blechnum Spicant* Sm., dans un autre endroit appelé les Inguillens.

Aubrac est là, derrière la colline qui l'abrite, à une altitude de 1,338 mètres. On aperçoit d'abord la tour, qui est assez élevée. L'église est à côté. Complètement abandonnée, elle tombait en ruines; mais elle a été restaurée depuis quelques années. Aujourd'hui, cet édifice est dans un état convenable. La tour et l'église constituent presque tout ce qui reste de la célèbre abbaye de l'ordre hospitalier d'Aubrac.

Je remarque près de l'église l'*Artemisia Absinthium* L Y est-il spontané? Un peu plus loin croît le *Geranium pyrenaicum* L. J'avais à cœur de retrouver à Aubrac une plante qui y a été signalée depuis longtemps par M. Prost : *Arabis cebennensis* DC. M. de Lambertye l'indique sur les rochers de la cascade d'Aubrac, connus dans le pays sous le nom de *Saut del grel*.

En me dirigeant vers cette localité, j'observe, dans un pré, l'*Alopecurus pratensis* L., qui me semble rare dans le Sud-Ouest. Je rencontre ensuite, dans un autre pré dont l'herbe est peu abondante, un *Viola* à fleurs jaunes et à souche vivace; c'est nécessairement le *V. lutea* Sm. Je cueille, le long du ruisseau qui descend d'Aubrac : *Ranunculus aconitifolius* L., *Aconitum vulgare* DC., *Geranium sylvaticum* L., *Achillea Ptarmica* L. Le bruit qui se rapproche m'annonce la cascade. Tournant à gauche, et le long d'une rigole humide où vit le *Montia rivularis* Gm., je vois le *Sorbus aucuparia* L. s'élever au milieu de la haie qui borde la cascade, et où croissent aussi le *Cirsium erisithales* Scop. et l'*Aconitum Lycoctonum* L.

A peine entré dans le lit du ruisseau, j'aperçois, dans les anfractuosités humides du rocher qu'arrose la cascade, une crucifère dont les feuilles presque en cœur, irrégulièrement sinuées-dentées, et les fleurs d'un rose violet pâle, m'annoncent la plante que je suis venu chercher, l'*Arabis cebennensis*. Les fissures du même rocher m'offrent le *Cystopteris fragilis* Bernh., et du côté opposé, l'*Epilobium angustifolium* L.

Je pénètre dans le bois voisin, appelé bois de Gandilloc, à l'ouest de la cascade, et les plantes dont les noms suivent me tombent successivement sous la main : *Thalictrum aquilegifolium* L., *Cardamine amara* L., *Saxifraga stellaris* L., *Polygonatum verticillatum* All., *Maianthemum bifolium* DC., *Paris quadrifolia* L., *Lilium Martagon* L., *Asperula odorata* L., *Elymus europœus* L., *Calamagrostis sylvatica* DC., *Milium effusum* L., *Daphne Mezereum* L., *Hypericum quadrangulum* L., *Chœrophyllum aureum* L., *Impatiens noli tangere* L., *Epipactis viridiflora* Hoffm., *Chenopodium Bonus-Henricus* L.

Je me rapproche du ruisseau et je recueille, sur un rocher placé au bord, le *Laserpitium latifolium* L. (var. *asperum*). Je remarque en même temps, sur la berge de la rive gauche du ruisseau, une nouvelle station de l'*Arabis cebennensis*.

Je signalerai à l'E. de la cascade : *Thlaspi vulcanorum* Lamotte, *Dianthus sylvaticus* Hopp., *D. monspessulanus* L., *Trifolium spadiceum* L., *Comarum palustre* L., *Gnaphalium norvegicum* Gunn., *G. dioicum* L., *Lysimachia nemorum* L., *Carex pallescens* L. Le *Cirsium rivulare* Link échappe à mes recherches; cependant, feu E. Mazuc l'a observé dans le voisinage. Un peu plus loin vers l'E., je récolte sur la pelouse *Orchis albida* Scop., *Nigritella angustifolia* Rich., et sur la lisière du bois voisin, *Allium ursinum* L.

En avançant vers le lac Saint-Andéol, je rencontre çà et là l'*Euphorbia hyberna* L. D'autres plantes intéressantes se montrent dans les gazons; ce sont d'abord deux violettes à racine vivace, dont l'une est le *Viola sudetica* Willd., l'autre me semble devoir prendre le nom de *V. Sagoti* Jordan; puis trois renoncules : *Ranunculus polyanthemoides* Bor., *R. spretus* Jordan, et *R. rectus* J. Bauh., Boreau.

Le lac Saint-Andéol est à environ dix kilomètres d'Aubrac, vers l'Est. On est surpris de trouver sur ces hauteurs un si vaste bassin. L'*Isoëtes* que M. Du Rieu a nommé *I. echinospora*, vit dans les eaux de ce lac; l'illustre et si regrettable J. Gay est venu l'y chercher, il y a trois ans.

Le temps m'a manqué pour explorer à fond les bords du lac. Cependant, sur la droite, une source abondante et limpide rend la végétation plus active, et, avant de se jeter dans le lac, permet de recueillir quelques bonnes espèces : *Adoxa Moschatellina* L., *Chrysosplenium alternifolium* L., *Actæa spicata* L., *Genista prostrata* Lam., *Centaurea montana* L., *Ribes petræum* Wulf., *Sambucus racemosa* L. Un peu au-dessus, sur la pelouse, croît le *Saxifraga hypnoides* L.

M. le docteur Bras m'a communiqué le *Senecio Doronicum* L., recueilli par lui-même à Aubrac, dans une prairie peu éloignée des lacs : je ne l'y ai point rencontré.

Mes herborisations sur le terrain basaltique sont terminées, et je vais chercher le calcaire jurassique dans l'intérieur du département de la Lozère. Je m'arrête au Pont-neuf, à 4 kil. de Mende. Deux *Hieracium* dressent leurs tiges, couronnées de fleurs d'un jaune brillant, dans les fentes du pont : ce sont les *H. amplexicaule* L. et *ochroleucum* Schl. (*H. picroides* Will.). La première de ces deux plantes croît aussi sur les escarpements qui dominent le pont (rive droite), où l'on trouve aussi : *Æthionema saxatile* R. Br. (le P. Al. A. Poitrasson), *Draba aizoides* L., *Viola rupestris* Schm. (le P. Poitrasson), *Astragalus monspessulanus* L., *Phalangium Liliago* Schreb, *Stipa pennata* L., *Leucanthemum graminifolium* Lam.

Le *Geranium pratense* L., par sa haute tige, par l'éclat et la grandeur de ses fleurs, se fait remarquer dans un pré qui longe la route, et jusqu'au bord de celle-ci. Le *Papaver dubium* L. mûrit ses capsules en masse, sur un mur de soutènement, et un peu plus loin on voit le *Sedum anopetalum* DC., en pleine végétation.

La route, qui conduit à Mende, ne s'écarte pas des bords du Lot. Sa pente est peu sensible, et lorsqu'on considère, au Sud, l'élévation du mont Mimat ou *Saint-Privat,* auquel Mende est adossé, on ne se douterait pas que l'altitude de cette petite ville est de 752$^{m}$. Du reste, la nature de la végétation s'accorde avec cette indication. Le terrain calcaire se trouve partout.

Au pied du versant de la montagne, j'observe d'abord le *Calamintha nepetoides* Jord., que je vois pour la première fois dans le Sud-Ouest. Je rencontre ensuite un bel échantillon de *Cirsium bulbosum* DC., puis le *Rumex scutatus* L. Ce lieu a été ravagé : pour ne pas perdre mon temps, je m'élève plus haut.

La grotte qui servit autrefois de retraite à saint Privat, est située au haut du versant. Elle est en trop grande vénération dans toute la contrée environnante, pour que je me dispense de la visiter. Cette grotte, conservée à peu près dans son état naturel, est fermée au Nord par un mur. Elle a été convertie en chapelle, dont la garde est confiée à deux pauvres religieux, qui vivent d'aumônes et passent la plus grande partie de leur vie sur le flanc aride de la montagne, exposés aux rigueurs d'un climat glacé.

Les escarpements qui sont au-dessus sont d'un accès difficile ; n'importe, leur exploration n'offre que plus d'intérêt. La présence de l'*Alchemilla alpina* L. indique une altitude qui dépasse 1,000$^{m}$. Après avoir lutté péniblement contre les obstacles, j'arrive au sommet. Ma récolte n'est pas abondante, mais elle est bonne : *Buffonia macrosperma* Gay, *Alsine mucronata* L., *Linum salsoloides* Lam., *Anthyllis montana* L., *Athamanta cretensis* L., *Teucrium aureum* Schreb., *Thesium alpinum* L., *Juniperus nana* Willd. J'ajoute : *Alyssum macrocarpum* DC., que je dois à l'obligeance de M. Lamotte.

Je descends, non sans peine et sans quelque danger. Le bois de la Vabre est à droite; le temps me manque pour l'explorer. Plusieurs plantes intéressantes y ont établi leur demeure ; j'en indiquerai quelques-unes qui m'ont été communiquées par M. Lamotte : *Campanula speciosa* Pourr., *Crepis albida* Vill., *Laserpitium Nestleri* Soy. Willem. ; par

M. H. Loret, *Hieracium Planchonianum* Tim. et Loret, un saule singulier, appelé par MM. Lecoq et Lamotte *Salix Seringeana*, par MM. Grenier et Godron *S. oleifolia*, et qui paraît être un hybride, auquel M. Loret donne le nom de *S. incano-capræa*; par le P. Al. Poitrasson, *Carex tenuis* Host., et un *Hutchinsia* qui croît exposé au N., à l'abri du soleil et de la pluie, sous les voûtes un peu humides formées par les roches du calcaire jurassique. M. Loret avait rapporté cette dernière plante à l'*H. pauciflora* (*sub Capsella*) Koch, lui donnant pour synonyme *H. Prostii* Gay. D'après M. Jordan (Diagnoses, p. 338), elle diffère de l'*H. pauciflora* : elle devra donc porter définitivement le nom de *H. Prostii* Gay. Le P. Poitrasson m'a encore communiqué : *Thalictrum sylvaticum* Koch., *Muscari botryoides* DC., *Genista purgans* DC., *Anemone ranunculoides*, *L.* et *A. Hepatica* L., qui croissent, les trois premiers à Rieucros, près Mende, et les deux autres sur les bords du Lot, entre Mende et le Pont-neuf.

Mende forme la limite de mon itinéraire vers l'Est : je ne pousse pas plus loin mes recherches de ce côté. Je rentre dans le département de l'Aveyron et je récolte, en passant à Saint-Laurent-d'Olt, l'*Arabis alpina* L., sur un rocher au bord de la route; l'*Atropa Belladona* L., au-dessous du bois de la Resse; le *Cirsium anglicum* DC., dans un pré.

Je m'arrête à Magne, à une petite distance de Saint-Geniez-d'Olt, pour entrer dans la vallée du Lot, en suivant le cours du ruisseau de Juéry. Je suis en plein terrain de schiste micacé. Au printemps on trouve, dans les endroits ombragés, près de ce hameau, l'*Oxalis Acetosella* L. Le *Vaccinium Myrtillus* L. offre déjà, çà et là, ses petits fruits noirs. Le lit du ruisseau n'est qu'un ravin profond, dans lequel je rencontre d'abord : *Scirpus compressus* Pers., dans un endroit humide; et un peu plus loin, *Saxifraga hypnoides* L., sur un tas de pierres; puis *Vinca minor* L., au pied d'une haie, et *Ribes rubrum* L. !, qui abonde le long du ruisseau. Le côteau boisé sur lequel j'ai trouvé autrefois le *Viola canina* L., est à gauche. J'arrive au moulin de Juéry. Le site est pittoresque et mérite d'être exploré : la récolte sera bonne. Il faut y chercher, suivant la saison, *Hieracium boreale* Fr. et *Scabiosa permixta* Jord., sur un rocher qui borde la rive droite du ruisseau; *Veronica acinifolia* L., au-dessus du même rocher; *Mentha Lloydii* Bor. et *Stellaria uliginosa* Murr., sur les bords du ruisseau; *Cardamine sylvatica* Link, et *C. impatiens* L., dans le lit du même ruisseau; *Alchemilla vulgaris* L., *Crepis paludosa* Mœnch, *Neottia ovata* Rich., *Luzula nivea* DC., *Carex palles-*

*cens* L., etc., dans un lieu frais et en partie humide, vis-à-vis du moulin ; *Polygala depressa* Wend., un peu au-dessus, toujours en face du moulin ; *Adoxa Moschatellina* L., sur la berge du ruisseau ; *Dipsacus pilosus* L., au pied de la muraille du moulin ; *Malva Alcea* L. et *Draba muralis* L., dans la haie qui borde la rive gauche du ruisseau, entre le pont et le moulin ; *Trifolium striatum* L., sur la pelouse, près du pont.

Je m'avance vers les rives du Lot. Le *Lotus diffusus* Sol. se trouve sur mon passage à la Boissière. C'est au lieu appelé Clapeyret, que le docteur Bernier, il y a près de deux siècles et demi, avait observé la primevère qui a été nommée depuis *Primula acaulis* Jacq., ou *P. grandiflora* Lam. Elle y croît encore, associée à deux de ses congénères, *P. officinalis* Jacq., et *P. elatior* Jacq. Un peu plus haut, le *Salix incana* Schrank, étale sur le gravier ses rameaux fragiles, et le *Festuca Poa* Kunth, se dresse sur un rocher, vis-à-vis de l'usine de Saint-Pierre. De l'autre côté de la rivière, on voit, au-dessus et à l'ouest de la chapelle des Buis, le côteau escarpé où croissent, dans un espace fort restreint, *Papaver modestum* Jord., *Barbarea intermedia* Bor., *Turritis glabra* L., *Silene Armeria* L., *Trifolium striatum* L., *Sedum hirsutum* All., et au-dessous, *Centranthus Calcitrapa* Dufr., sur un mur; *Dendranthema Parthenium* Ch. Des Moul., sur le rocher qui borde le chemin. Au tournant de la rivière, l'*Eleocharis ovata* R. Br. couvre la vase de son lit. Le *Brachypodium sylvaticum* Pal. Beauv. borde le sentier qui longe la même rivière. L'*Agropyrum glaucum* Roem. et Sch. est un peu plus haut, à côté du même sentier ; l'*A. repens* Pal. Beauv. se tient sur la lisière d'une terre cultivée, près du gouffre de Gragnols. Enfin, le *Potentilla rupestris* L. s'est établi sur un des rochers qui bordent le même gouffre.

Je reviens sur mes pas.

Si la culture des plantes potagères ne leur a pas été funeste, on trouvera, dans le jardin du Collége, *Euphorbia platyphylla* L., *Epilobium Lamyi* Schultz, *Lamium incisum* Willd., *Lolium rigidum* Gaud., et une véronique, commune à Saint-Geniez, mais qui manque dans une partie du Sud-Ouest, *Veronica persica* Poir. Elle est accompagnée de ses deux sœurs, *V. agrestis* L., et *V. Friesii* Chaub

Je cherche en vain dans la rue du Lac une crucifère, remarquable par ses siliques courtes, aplaties et fortement bordées, que je rapportais à l'*Arabis hirsuta* Scop. La muraille sur laquelle elle avait fixé sa résidence a disparu. Une autre crucifère, *Arabis alpina* L., qui descend quelquefois des hautes montagnes, s'était réfugiée dans la cour de l'hospice de Saint-Geniez, croyant sans doute pouvoir, elle aussi, trouver une place dans l'asile de la charité. Ne voulant gêner personne, elle était restée au haut d'un mur de clôture..... Hélas! le mur a été abattu.

En traversant le Lot, et sans m'arrêter au *Cheiranthus Cheiri* L. qui se cramponne au parapet du pont, je cours au *Geranium pratense* L., que les eaux du Lot ont probablement amené de Mende, et qu'elles ont déposé sur la rive droite, en aval du pont, au-dessus de la berge : il y est magnifique et paraît bien acclimaté. Le *Rumex scutatus* L. se montre dans les trous de la muraille qui borde la même rive. L'*Arabis sagittata* DC. est à côté du *Geranium*, et le *Scirpus sylvaticus* L. croît au-dessus, dans un pré.

Je continue mon excursion, en me dirigeant vers le Sud Il faut gravir le côteau situé entre Saint-Geniez et le plateau calcaire de Saint-Martin-de-Lenne. Les *Lathyrus sylvestris* et *Nissolia* L., et l'*Epilobium collinum* Gmel., se présentent d'abord au pied de ce côteau; et un peu au-dessus, je trouve en abondance le trèfle auquel Pollich a donné avec raison le nom de *Trifolium aureum*.

La colline appelée Puech ou *Pey-de-Mascal* offre une position qui a déjà attiré mon attention. De ce point, la vue s'étend sur toute la vallée, dont le niveau paraît plus abaissé qu'il ne l'est réellement, à cause des énormes hauteurs environnantes (alt. 436$^{m}$ sur les bords du Lot). J'aperçois à l'Est le hameau de Combatelade, sur le flanc du côteau qui porte le même nom : le *Veronica persica* est monté jusque là; le *Vicia Orobus* DC. vient au-dessous, dans un pré, et le *Barbarea paæcox* R. Br., dans un champ voisin.

Le lieu appelé Belair est presque sous mes pieds. On y trouve : *Medicago germana* Jord. sur le talus qui borde la route du côté de la rivière; *Betula alba* L. du côté opposé, au-dessus de la route; *Primula variabilis* Goup., un peu plus loin, dans un pré situé au-dessous de la route, environné de ses fidèles compagnons, *P. officinalis* Jacq. et *P. acaulis* Jacq.

Sainte-Eulalie, bourg éloigné de Saint-Geniez de trois kilomètres à peine, paraît à l'Ouest dans la même vallée. Parmi les plantes qui y ont été observées, je citerai : *Erinus alpinus* L., exilé sur un rocher, dans le lit de la rivière (M. l'abbé Soulié); *Melilotus alba* Desr., au bord du Lot, rive droite, entre Sainte-Eulalie et le Cantal; *Viola gracilescens* Jord., dans un champ à l'Ouest; *Arabis Turrita* L., à l'intérieur du bourg, sur une muraille; *Isopyrum thalictroides* L. et *Primula elatior* Jacq., au bord du ruisseau qui descend de Pierrefiche, au Sud; *Viola multicaulis* Jord. sur le côteau, du côté de Pierrefiche.

Le lieu où je viens de m'arrêter occupe à peu près le milieu de la hauteur; le *Viola segetalis* Jord. y est commun dans un champ cultivé, et n'est pas rare dans la vallée. Le terrain schisteux disparaît et fait place au calcaire du lias. Plus de châtaigniers. Le *Trifolium scabrum* L. rampe au bord d'un chemin. L'endroit où le *Lychnis coronaria* Lam. a établi sa demeure n'est pas éloigné, et sa manière de vivre indique suffisamment qu'il ne faut pas voir en lui un étranger : il vit sur la pelouse, exposée au Sud-Est, à une altitude près de 600 mètres.

L'altitude du point culminant est d'environ 740 mètres. L'horizon y est étendu. On voit au Nord, sur le versant méridional de la montagne d'Aubrac, entre Verlac et Vieurals, le lieu où j'ai récolté, il y a quelque temps : *Viola peregrina* Jord., terre cultivée; *Trollius europæus* L. et *Platanthera chlorantha* Cust., pacage; *Ranunculus aconitifolius* L. et *Pedieularis palustris* L., endroit humide; *Lychnis diurna* Sibth., à Vieurals.

Saint-Saturnin se montre à l'Est, à une distance de quelques kilomètres, à peu près au même niveau. J'indiquerai de ce côté : *Genista hispanica* L., au haut de la côte, entre Marnhac et Grun ; *Rannuculus parviflorus* L., au bord d'un chemin près de Grun ; *Specularia hybrida* A. DC. et *Veronica præcox* All., dans un champ cultivé, près de Saint-Saturnin; *Helianthemum vineale* Pers., çà et là, au bord de la route; *Viola collina* Bess., dans les fissures d'un rocher qui borde la même route, à l'entrée du village; *Teesdalia nudicaulis* R. Br., dans le voisinage. Mes regards se portent sur les rochers calcaires de Lestang, peu éloignés et au sud-est de Saint-Saturnin. L'*Ophrys Scolopax* Cav. est monté jusque-là; il vit près de la *cave de Lestang,* avec : *Erinus alpinus* L., *Onosma echioides* L., *Ajuga genevensis* L., *Euphorbia papillosa* De Pouzols. Le bois qui est en face nourrit l'*Orchis militaris* L. Vient ensuite le hameau d'Orbis; le *Saponaria ocymoides* L. habite sur ses rochers. Le plateau qui est au-dessus ne doit pas passer inaperçu; c'est sur ce plateau que M. l'abbé Luche a trouvé le *Genista horrida* DC.

Il est temps de se remettre en marche en prenant la direction de Lenne, but de l'excursion. Le champ voisin offre le *Campanula Rapnuculus* L. A l'entrée du village de Saint-Martin, le *Thalictrum montanum* Walh. abonde dans un autre champ, où sa racine profondément située échappe au soc de la charrue. L'*Hutchinsia petræa* R. Br. est venu se fixer sur une muraille, à l'intérieur du même village. En passant, j'observe une nouvelle station du *Viola gracilescens* Jord., entre Saint-Martin et Lenne.

Lenne présente un site varié et comme choisi. Un énorme rocher se dresse majestueusement à l'Est, à une assez petite distance. La fraîcheur y est entretenue au Sud-Est par une source abondante, au Sud-Ouest par un bois épais qui couvre le côteau voisin. La végétation y est pleine de vigueur. Enfin, le paysage est complété et limité au Nord par le cours de la Serre. — Cette petite rivière offre une particularité qui mérite d'être notée : à quelques kilomètres plus loin, à Pierrefiche, elle perd une partie de ses eaux qui s'engouffrent dans une ouverture naturelle du sol, et vont se jeter dans le Lot, tandis que son lit conduit le reste dans l'Aveyron. — Le *Carum Carvi* L. foissonne dans les prés de Lenne, et le *Sisymbrium asperum* L. y est rare. Le *Linaria origanifolia* DC. enfonce sa racine vivace dans le mur de l'église. On peut cueillir : *Anemone Hepatica* L., sur le rocher ; *Acera anthropophora* R. Br., sur la pelouse, au haut du côteau ; *Orobus vernus* L., *Cephalanthera pallens* Rich., *Epipactis viridiflora* Hoffm., *Teesdalia nudicaulis* R. Br., dans le bois de hêtres situé au-dessous de la nouvelle chapelle ; *Cytisus sessilifolius* L., autour du même bois ; *Tetragonolobus siliquosus* Roth., çà et là dans les terrains gras incultes.

On peut cueillir encore sur le côteau plus ou moins boisé qui s'étend depuis Lenne jusqu'à Saint-Martin : *Daphne Mezereum* L., *Ononis rotundifolia* L., *Arabis auriculata* Lam., *Stachys alpina* L., *Laserpitium latifolium* L. ( v. *asperum*), *Thlaspi occitanicum* Jord., *Melampyrum nemorosum* L.; et plus loin, un peu au-dessus, dans un autre bois, nommé la Gamasse : *Ervum gracile* DC., *Orobus niger* L. et *vernus* L., *Platanthera bifolia* Rich., *Epipactis microphylla* Sw.

La découverte de la plupart de ces dernières plantes est due à M. l'abbé Luche et à M. l'abbé Majorel, mes anciens élèves.

Un *Teucrium*, qui n'est pas rare sur ces hauteurs, se fait remarquer sur la pelouse sèche, près Saint-Martin. Il ressemble beaucoup au *T. Polium* L., mais il en diffère suffisamment : c'est, si je ne me trompe, le *T. aureum* Schreb.

En finissant cette excursion, j'indiquerai le *Crepis nicæensis* Balb., un peu plus loin, à l'Ouest, sur le côteau qui est vis-à-vis de Pierrefiche, et le *Glyceria airoides* Reichb., dans un chemin fangeux, près du même village.

Le calcaire de l'oolithe inférieure commence au sud de Saint-Martin, près du bois de la Gamasse. Il s'étend à l'Est jusqu'au-delà des limites du département de l'Aveyron, tandis que, au Sud, il est bientôt interrompu, et remplacé soit par le calcaire du lias, soit par le gneiss. Il reparaît à 7 kilomètres vers le Sud-Ouest, sur la hauteur du Tourriol, près de Laissac : c'est là qu'il faut s'arrêter.

Le *Nepeta Cataria* L., plante rare dans le Sud-Ouest, croît au bord d'un chemin, près de la ferme, et le *Bunias Erucago* L., dans un champ à l'Est. A l'Ouest de la même ferme, il y a une élévation sur laquelle on reconnaît quelques traces de roches friables. On y voit le *Polycnemum majus* Al. Br. A 2 kilomètres au Sud, est le lieu où fut trouvé pour la première fois (octobre 1840) le *Crocus nudiflorus* Sm., sur la limite des terrains calcaire et houiller. La même plante vient en abondance un peu plus loin, dans un pré incliné, au-dessus d'Ayrignac. Le *Linaria simplex* DC., est au nord du même village. J'indiquerai sur la rive droite de l'Aveyron, qui coule au-dessous du Tourriol, sur les marnes supra-liasiques : *Lepidium latifolium* L., *Malachium aquaticum* Fries; sur l'autre rive, près du moulin de la Peyrade, *Matricaria inodora* L.; sur la même rive, dans la rigole d'un pré, vis-à-vis d'Anglars, *Teucrium Scordium* L.

Au-delà du bois des Bourines, vers le Nord, on aperçoit le haut de la côte de Cruéjouls. Le *Gladiolus segetum* Gawl. y croît dans un champ. L'*Inula Helenium* L., est au bas de la même côte, dans un endroit herbeux et frais.

Les rochers de Gages, que l'on aperçoit à 8 kilomètres vers l'Ouest, sont intéressants, non-seulement parce qu'ils forment la séparation du calcaire oolithique inférieur et du terrain houiller, qui est lui-même contigu aux gneiss sur le côteau opposé, au Sud, mais parce que le botaniste peut y faire une excellente récolte. Je puis citer les espèces dont les noms suivent : *Biscutella lævigata* L., *Helianthemum vineale* Pers., *H. pulverulentum* DC., *Silene conica* L., *Saponaria ocymoides* L, *Cerastium obscurum* Chaub., *C. pellucidum* Chaub., *Linum salsoloides* Lam., *Ruta graveolens* L., *Amelanchier vulgaris* Mœnch., *Leucanthemum graminifolium* Lam., *Globularia vulgaris* L., *Kœleria setacea* Pers., *Stipa pennata* L. Je citerai encore *Trifolium striatum* L., dans une prairie artificielle, au-dessous de l'église; *Dianthus superbus* L., dans un taillis près de Gages-le-bas (M. l'abbé A. Vayssier).

Le haut de la côte de Sebazac, à l'ouest du village de ce nom, est un des points culminants (633 mètr.) du plateau de calcaire oolithique inférieur situé au nord et au nord-ouest de Rodez. On y voit, comme au Tourriol, des traces de roches friables. Le *Carduus vivariensis* Jord., le *Silene conica* L., et l'*Alsine verna* Bartl. y croissent, lorsqu'ils peuvent échapper à la dent des animaux. Au bas de la côte, la fraîcheur de l'*Euphorbia Gerardiana* Jacq., du *Teucrium montanum* L., et de l'*Ononis striata* Gouan, les fait remarquer sur le sol aride qui les nourrit. En descendant, on ne tarde pas à apercevoir le *Spirœa obovata* Willd.

Voici le domaine de la Garde. Les bois qui environnent ce domaine, malgré la voracité des innombrables troupeaux qu'ils entretiennent, offrent une bonne moisson. Au Sud, à 2 ou 3 kilomètres : *Cornus mas* L., isolé au milieu d'un pâturage boisé; *Datura Stramonium* L., qui se plaît près du portail. Au Nord, lieu ombragé, *Mercurialis perennis* L.; dans le pré voisin, *Trifolium montanum* L.; dans le bois de Bourrignac, qui sert de pacage à bœufs, d'abord, *Cerastium obscurum* Chaub., *Euphorbia papillosa* Pouz., *E. verrucosa* L., *Thlaspi occitanicum* Jord.; puis *Thalictrum expansum* Jord., *Geranium sanguineum* L. et *Senecio ruthenensis* Maz. et Tim., qu'on pourrait surnommer le compagnon du bœuf, puisqu'il n'a été trouvé jusqu'ici, aux environs de Rodez, que dans les pacages qui semblent spécialement appropriés à la nourriture de cet animal, et qui sont connus dans le pays sous le nom de *devèze des bœufs*. A côté du bois de Bourrignac : *Spirœa obovata* Will., *Avena pratensis* L.; dans un champ voisin du même bois, *Falcaria Rivini* Host.; dans un autre pacage à bœufs, à l'Ouest du village de Cadayrac, nouvelle station du *Senecio ruthenensis* et du *Thalicttrum expansum.* Au-delà du chemin qui divise ce pacage : *Hyssopus officinalis* L.; çà et là, dans les pâturages qui sont au Nord-Ouest, *Arenaria controversa* Boiss.

Encore quelques pas, et l'on arrive brusquement près du hameau des Boutets, à l'extrémité du plateau qui est limité au Nord-Ouest par la vallée du Dourdou, dont la profondeur est remarquable : on dirait un immense précipice. Le côteau de Pruines se montre vis-à-vis, couronné par l'énorme rocher de Caymar. Ce rocher est quartzeux, si je ne me trompe, tandis que le côteau inférieur, d'abord schisteux, appartient ensuite au grès bigarré. Je signalerai dans cette localité : *Asplenium Halleri* DC., et *Aira flexuosa* L., sur le rocher; *Spergularia rubra* Pers. et *Teesdalia nudicaulis* R. Br., au pied du même rocher; *Fumaria Borœi* Jord., terre cultivée près du hameau de Tabèles; *Serapias Lingua* L., *Orchis laxiflora* Lam., *O. maculata* L., *O. coriophora* L., *Myo-*

*sotis strigulosa* Reichb., *Linum angustifolium* Huds., dans un pré, près du domaine de Sorps; *Rosa dumalis* Bechst., *Barbarea præcox* R. Br., *Ervum tetraspermum* L., *Trifolium filiforme* L., au bord d'un chemin, près du même domaine; *Teesdalia nudicaulis* R. Br., *Mœnchia erecta* Fl. W., *Ornithopus perpusillus* L., *Vicia Bobartii* Forst., *Sedum hirsutum* All., *Hypochœris radicata* L., *Festuca Poa* Kunth., au bord d'un chemin à l'entrée du village de Pruines, *Trifolium maritimum* Huds. et *Hordeum secalinum* Schreb., lisière d'un pré, au-dessous du village. Le *Lamium maculatum* L. présente sa gueule béante non loin des bords du Dourdou.

En remontant sur le plateau, on trouve encore, au-dessus de Mouret, le *Vicia Bobartii* Forst. Au haut de la côte de la Baysse, le *Narcissus Pseudo-Narcissus* L., et le *Scilla bifolia* L., se montrent au printemps dans le bois qui est à gauche.

Tout-à-fait sur le plateau, en allant vers le domaine de Cruounet, au Sud, le *Carlina acanthifolia* All. présente ses écailles florales, les unes intérieures, d'un jaune pâle, hygrométriques, les autres extérieures épineuses, à épines rameuses : il étale ses larges feuilles épineuses sur le calcaire inculte. On doit bien se garder de le confondre avec le *C. Cynara* Pourr. Celui-ci croît sur le gneiss, sur les Palanges, petites montagnes situées à l'est de Rodez. — Le *Trifolium Molinerii* Balb., abonde dans les prés de Cruounet et dans ceux du voisinage. Le *Coronilla scorpioides* Koch. a paru deux fois dans le jardin potager de la ferme, et je l'ai retrouvé en Octobre dans un champ à l'ouest du domaine.

Du sommet de la colline de Cruonnet la vue plonge dans le vallon de Cruou, qui commence au précipice de Frontignan et se dirige vers l'Ouest, puis vers le Sud-Ouest. Là, croissent *Peucedanum Cervaria* Lap., *Torilis nodosa* Gærtn, *Melica nebrodensis* Parl., *Bromus squarrosus* L., sur les rochers exposés au midi; *Tilia grandifolia* Ehrh., au-dessus du précipice; *Bromus giganteus* L., dans un ravin, à gauche; *Calepina Corvini* Desv., à l'extrêmité du côteau, exposé au midi.

On peut recueillir successivement, et suivant la saison, en remontant le cours du ruisseau qui se jette dans le précipice : *Humulus Lupulus* L., *Veronica Anagallis* L., *Salix purpurea* L., *Cratægus oxycanthoides* Thuill., *Tilia parvifolia* Ehrh., *Polygonum biforme* Walh., *Paris quadrifolia* L., *Polygonatum multiflorum* All., *Pulmonaria affinis* Jord., *Symphytum tuberosum* L., *Ranunculus auricomus* L., *Cephalanthera rubra* Rich., un peu plus haut, dans un bois; *Carex vesicaria* L.,

*C. vulpina* L , *Cardamine impatiens* L., dans un pré ; un *Erophila* dont les hampes atteignent jusqu'à 18 cent., à silicule longue de près de 1 cent., dans les prés voisins : ce n'est pas l'*E. majuscula* Jord. Puis on trouve, à droite, au bord d'un chemin : *Rosa systyla* Bast., *R. tomentella* Leman, et *Lonicera Periclymenum* L., rare sur le plateau, et remplacé par le *L. etrusca* Santi.

Le bois de la Barthe est au-dessus. Les plantes qui l'habitent méritent d'être signalées : *Anemone Pulsatilla* L., *Phyteuma nigrum* Schm., *Erythræa pulchella* Pers., *Veronica spicata* L., *Plantago serpentina* Vill., *Gentiana cruciata* L., *Scilla autumnalis* L., autour du bois ; *Ruscus aculeatus* L., *Neottia Nidus-avis* Rich., *Polygonatum vulgare* Desf., à l'intérieur. Le *Melica Magnolii* Godr. est au pied d'une muraille à côté du bois.

On aperçoit de loin en loin les affleurements du minerai de fer, dont la couche inférieure a 3^m 40^c d'épaisseur. Le terrain environnant n'offre rien de remarquable sous le rapport botanique. Seulement, à l'endroit où ce minerai est exploité, j'ai observé le *Barbarea intermedia* Bor. et le *Viola agrestis* Jord., qui manquent aux environs.

Le *Pterotheca nemausensis* Cass. n'avait pas été trouvé jusqu'ici, que je sache, en deçà de la ligne des Cévennes. Aussi, je suis bien étonné de le rencontrer dans un champ, entre le bois dont je viens de parler et Mondalazac. Un *Avena*, à glumelle inférieure glabre (*A. hybrida* Peterm.), que je rapporte sans hésitation à l'*A. fatua* L., se maintient au fond du champ voisin. Le *Delphinium Consolida* L. et le *Cuscuta minor* DC. viennent dans le même champ. Presque à l'entrée du village, on voit sur une muraille les *Arenaria serpyllifolia* L. et *leptoclados* Guss. Ils végètent l'un à côté de l'autre. L'*Avena barbata* Brot. a paru une seule fois dans une haie, au bord d'un champ, à l'entrée même du village.

*Erysimum orientale* R. Br., *Neslia paniculata* Desv., *Myagrum perfoliatum* L., *Buplevrum rotundifolium* L., ne sont pas rares dans les terres cultivées, à l'est de Mondalazac, qui forment le passage des marnes infra-oolithiques au calcaire de l'oolithe inférieure. Le *Papaver dubium* L. se tient sur la lisière des champs, autour du même village. Le *Sonchus arvensis* L. y choisit le meilleur terrain ; le *Calepina Corvini* Desv. s'y montre quelquefois ; le *Gagea arvensis* Schult. y paraît aussi de loin en loin au commencement du printemps. Les *Arabis hirsuta* Scop., *Trifolium rubens* L., *Cytisus supinus* L., *Trinia vulgaris* DC., *Sedum anopetalum* DC., *Kœleria setacea* Pers., *Avena pubescens* L., *Cardun-*

*cellus mitissimus* DC. habitent presque les mêmes lieux, mais ils se tiennent constamment hors des cultures. Le *Cuscuta Trifolii* Bab. et l'*Orobanche minor* Sutt. y infestent la deuxième coupe des prairies artificielles (*Trifolium sativum* Reichb.). L'*Anthriscus sylvestris* Hoffm., le *Chærophyllum temulum* L., le *Conium maculatum* L. y préfèrent la terre non remuée. Le *Lathyrus tuberosus* L. tient ses tubercules profondément enfoncés dans la terre. L'*Hyoscyamus niger* L. s'y montre de temps en temps au bord des chemins.

Au nord et au nord-ouest du village, le *Narcissus poeticus* L., le *Colchicum automnale* L., l'*Heracleum Lecokii* Godr. et Gr. foisonnent dans les prairies (marnes supra-liasiques). On y trouve aussi *Trifolium campestre* Schreb., *T. Schreberi* Jord., *Vicia Forsteri* Jord., *Viola Riviniana* Reichb., *V. Reichenbachiana* Jord., *Salix cinerea* L. Le *Geranium lucidum* L. y vit sur les vieilles murailles, et le *Senebiera Coronopus* Poir. au bord des chemins.

Le bord du vallon de Cruou, qui se dirige du N.-E. au S.-O., offre une assez bonne moisson, entre Moudalazac et Salsac. Je signalerai successivement : *Pulmonaria ovalis* Bast., *Sanicula europæa* L., bois au N.; *Ophrys Scolopax* Cav., *Lathyrus latifolius* L., *Dianthus monspessulanus* L., derrière le château du Colombier; *Lithospermum purpureocœruleum* L., *Sorbus Aria* Crantz, *Rosa sphærica* Gren., *Convallaria majalis* L., *Bromus asper* L., *Gladiolus segetum* Gawl., *Trifolium medium* L., *Sorbus torminalis* L., *Coronilla Emerus* L., *Fragaria collina* Ehrh., *F. vesca* L., entre le château du Colombier et la côte de Cruou; *Ranunculus Amansii* (*R. villosus* Saint-Amans *non* DC.) Jord., *Orchis militaris* L., *Carex Halleriana* Asso, *Asperula odorata* L., *Melittis Melissophyllum* L., *Melica uniflora* Retz, *Digitalis lutea* L., *Neottia ovata* Rich., *Brunella grandiflora* Jacq., *Ervum tetraspermum* L., *Ribes alpinam* L., *Melilotus altissima* Thuill., *Carum Carvi* L., *Phyteuma orbicularis* L., *Rosa leucochroa* Desv., *Rubus arduennensis* Lib. *in* Lej., *Lonicera etrusca* Sant., *Valerianella eriocarpa* Desv., *Sedum Telephium* L., le long de la côte de Cruou; *Astragalus glycyphyllos* L., *Malva fastigiata* Cav. (M. l'abbé Soulié), *Epilobium roseum* Schreb., entre cette côte et la fontaine de Billorgues, appelée le Théron.

Le vallon de Cruou décrit une courbe, au pied de la colline qui occupe la position que je viens d'indiquer, et se laisse voir dans la plus grande partie de sa longueur. On a en face de magnifiques côteaux, coupés en terrasses soutenues par des murailles sèches, et plantés de vignes depuis la base jusqu'au sommet, où l'on trouve *Linosyris vulgaris* Cass. et *Aster Amellus* L. Je signalerai aussi dans le fond du vallon, sur les bords ou non loin des bords du ruisseau, suivant la saison, *Pastinaca opaca* Bernh., *Fumaria parviflora* Lam., *Dentaria pinnata* Lam., *Sedum dasyphyllum* L., *Primula elatior* Jacq., *Equisetum arvense* L., *Dipsacus pilosus* L., *Calamintha sylvatica* Bromf., *C. ascendens* Jord., *Mentha candicans* Crantz, *Aquilegia vulgaris* L. et *Sedum nicæense* All. (*S. altissimum* Poir.), sur les murs de soutènement.

Entre le château de Billorgues et Salsac, on peut cueillir plusieurs plantes qui méritent d'être notées : *Cerastium obscurum* Chaub., *Tordylium maximum* L., rare ici, *Medicago minima* Lam., *Viola permixta* Jord., *Muscari racemosum* DC., *Stachys heraclea* L., *Gladiolus segetum* Gawl.

Salsac offre deux sites exposés au soleil et qui attirent de suite les regards; ce sont, d'abord le Roc-Ponsard, puis les rochers de Bouche-Roland. Bouche-Roland est une grotte haute de plusieurs mètres, qui s'étend au loin vers l'Est, sous le plateau. Sur le premier site : *Ononis Columnæ* All., *Helianthemum salicifolium* Pers., *Linum tenuifolium* L., *Bromus squarrosus* L., *Ægilops ovata* L., *Centranthus Calcitrapa* Dufr., *Torilis nodosa* Gærtn., *Rosa systyla* Bast., *R. Pouzini* Tratt., *Filago spathulata* Presl. Sur le deuxième site, près du village : *Berberis vulgaris* L. (M. Guillemin), *Helianthemum Fumana* Dun., *Carex Halleriana* Asso, *Sesleria cærulea* Ard.

Au sortir de Salsac, à l'Est et au Sud-Est, on retrouve le calcaire de l'oolithe inférieure. Les pâturages pierreux qui occupent la plus grande partie de la surface du plateau se montrent déjà. On rencontre d'abord, un peu au-delà de la bergerie placée au-dessus du village, *Xeranthemum inapertum* Willd., et un *Podospermum* qui, malgré ses tiges secondaires, doit être nommé *P. laciniatum* DC. ; puis, entre la bergerie et la mine de Salsac, *Salvia Æthiopis* L., *Stachys heraclea* All. ; près de la mine, *Trifolium patens* Schreb., dans une terre inculte argileuse; *Betula alba* L., isolé au milieu d'un champ (marne infra-oolithique).

A mesure qu'on avance vers le S.-E., le pays devient plus rocailleux, et par conséquent plus stérile. Le *Juniperus communis* L. semble être le seul végétal qui puisse y prospérer. Cependant, le *Gentiana ciliata* L. y sort bravement à travers les pierres, à la fin d'août. Avant d'arriver sur le mamelon appelé Nauquiès (haut repos, *alta quies*), on trouve *Melica nebrodensis* Parl. et *M. Magnolii* Godr., à quelques pas l'un de l'autre; *Plantago serpentina* Vill., et enfin *Ruta graveolens* L., à côté d'un tumulus et d'un dolmen, qui occupent le sommet. A droite, à la distance d'un kilomètre environ, croissent trois orchidées : *Himantho-glossum hircinum* Rich., *Gymnadenia conopsea* R. Brown, *Ophrys Scolopax* Cav. : les deux premières sont rares.

La tour de la cathédrale de Rodez paraît dans le lointain, à la distance de 15 à 16 kilomètres vers le Sud-Est. Au Sud, on aperçoit déjà les hauteurs qui couronnent la vallée de Crenau. Avant d'entrer dans cette vallée, il faut chercher, au-dessus de Saint-Austremoine, *Xeranthemum inapertum* Willd., *Kœleria gracilis* Pers., *Trinia vulgaris* DC., *Orobanche Epithymum* DC., *Ophrys Scolopax* Cav., *O. apifera* Huds., qui paraît rare.

La partie de la vallée que je viens de nommer, située entre Salles-la-Source et Cougousse, offre une grande facilité pour étudier la disposition des couches géologiques. La première, qui sert de base, c'est le grès infra-liasique, sensible au-dessous de Cougousse seulement. Le calcaire de lias occupe le deuxième rang. Viennent ensuite la marne supra-liasique, la marne infra-oolithique, et enfin le calcaire de l'oolithe inférieure, qui est placé au bord de la vallée. La stratification de ses couches est manifeste, et elles se correspondent exactement sur les deux versants. La profondeur de la vallée est d'environ 250 mètres. Il faudrait être aveugle pour ne pas voir là une *vallée de dénudation*, et il est facile de deviner la cause qui a opéré cet immense déchirement.

Les plantes qui méritent d'être signalées dans cette vallée, en commençant par le fond, sont celles-ci : *Ophrys aranifera* Huds., pré, à Banes; *Tragopogon major* Jacq., côteau au-dessus; *Epilobium Lamyi* Schultz, terre, après la récolte, au fond de la côte de Moyrac, près du village de Cougousse; *Melica nebrodensis* Parl., sur une muraille, dans l'intérieur du village; *Equisetum ramosum* Schl., sur un mur de soutènement, au bord de la route; *Melissa officinalis* L., *Calamintha ascendens* Jord., *Agropyrum acutum* R. et Sch., au pied de la côte de Cougousse, et *Filago spathulata* Presl., un peu au-dessus; *Helminthia echioides* Gærtn., sur la petite côte, entre le pont et Saint-Austremoine; *Rosa gallica* L., fossé dans une vigne, près d'une borne plate, sur laquelle est gravée une croix de Malte, le lieu porte le nom de Temple; *Euphorbia stricta* L., cimetière de Saint-Austremoine; *Centranthus Calcitrapa* Dufr., à côté, sur une muraille; *Lithospermum purpureo-cæruleum* L., haie au-dessus de l'église; *Coronilla minima* L., sur un rocher éboulé, dans le bois de Sourguières; *Lathyrus latifolius* L., *Ophrys apifera* Huds, près du même rocher; *Odontites lutea* Reichb., *Linum strictum* L., *Chlora perfoliata* L., clairière du bois; *Vinca major* L., croix du Puech, sous le rocher; *Adianthum Capillus-Veneris* L., voûte d'une fontaine, près du hameau du Puech; *Rumex scutatus* L., trous de muraille à quelques pas de la même fontaine; *Vinca minor* L., au-dessus du hameau de la Treillerie; *Saponaria ocymoides* L., çà et là, sur les vieilles murailles; *Sedum nicœense* All. (*S. altissimum* Poir.), murs de soutènement, dans les vignes; *Amelanchier vulgaris* Mœnch, rochers au-dessus de Fonfrège; *Alsine Jacquini* Koch, *Linum tenuifolium* L., *Buplevrum aristatum* Bartl., *Helianthemum Fumana* Dun., *Hutchinsia petrœa* R. Br., *Ficus Carica* L., au-dessus des mêmes rochers; *Ononis Columnœ* All., escarpements au-dessus de La Roque. J'ajouterai : *Polygonatum vulgare* Desf., *Convallaria majalis* L., *Asphodelus sphœrocarpus* Godr. et Gr., *Coronilla Emerus* L, qui vivent ensemble dans le bois de Biars, près de La Roque; *Sorbus Aria* Crantz, et *Phalangium Liliago* Schreb., à l'extrémité supérieure du même bois; *Passerina annua* Spreng., *Phalangium ramosum* Lam., *Buxus sempervirens* L., tertre entre l'Aubenie et Saint-Laurens, près de Salles-la-Source.

Salles-la-Source est le lieu le plus pittoresque de la vallée de Crenau. Il est remarquable par la ceinture de rochers, coupés à pic, qui l'environnent presque entièrement, par l'énorme masse de tuf calcaire sur lequel la principale partie du bourg est bâtie, et surtout par la source abondante qui, divisée en plusieurs branches avant d'arriver au jour, sort en bouillonnant de dessous les rochers. Ses eaux, après avoir servi de force motrice à quelques usines, forment diverses cascades simultanées et successives, et vont se jeter dans le ruisseau qui coule au fond de la vallée.

Il est impossible qu'un site si enchanté ne possède pas des végétaux recherchés. Le botaniste, pourvu qu'il arrive à propos, ne s'en retournera pas les mains vides. Il récoltera d'abord sur les rochers, à l'Ouest, le long de la *vieille côte* : *Cytisus sessilifolius* L., *Pyrethrum corymbosum* Willd., *Bromus squarrosus* L., *Ruta graveolens* L., *Allium sphœrocephalum* L., *Isatis tinctoria* L. Puis, dans l'endroit qu'on appelle les Bayssières, derrière l'église : *Anemone Hepatica* L., qui se fait remarquer par sa précocité, par la grâce et l'éclat de ses fleurs; *Dentaria pinnata* Lam., *Convallaria majalis* L., *Polygonatum vulgare* Desf., *Valeriana tripteris* L., *Arabis Turrita* L., *Ranunculus Amansii* Jord.,

(*R. villosus* St-Am. *non* DC.), *Festuca duriuscula* L., *Lonicera etrusca* Santi, *Sorbus Aria* Crantz, *Orobanche Hederæ* Vauch., près de la source principale; *Chrysosplenium appositifolium* L., alimenté par les eaux de la source. Ensuite, sur les rochers, au-dessus de la source, le long de la *petite côte : Sesleria cærulea* Ard., *Saponaria ocymoides* L., *Rhamnus alpina* L., *Helianthemum pulverulentum* DC., *Geranium sanguineum* L., *Acer monspessulanum* L., *Silybum Marianum* Gærtn. Il faut ajouter à cette liste les deux *Melica (nebrodensis* et *Magnolii)*.

On retrouve, au-dessus de Salles-la-Source, au Nord, le plateau calcaire. Le *Veronica spicata* L., le *Linosyris vulgaris* Cass., l'*Ajuga genevensis* L., viennent sur la lisière du petit bois de Cornalach, à l'Est. Le Bois-de-Frous (bois des fleurs) est à une petite distance au Nord-Est. Ce lieu était, il y a 75 ans, un communal servant de pacage à bœufs. Comment s'y trouvait alors le *Senecio ruthenensis* Maz. et T. ? je ne sais. A présent, très-peu abondant, il végète tristement au bord des champs qui ont succédé au pacage. Le *Linum austriacum* L. semble se plaire dans les endroits pierreux et incultes, autour du petit domaine que l'on y a créé.

La première station du chemin de fer, en descendant de Rodez, est à quelques kilomètres au Sud. On peut cueillir : *Hyssopus officinalis* L., dans un pacage, près du domaine des Bézinies; *Silene nutans* L., *Buplevrum aristatum* Bartl., *Campanula Rapunculus* L., bord herbeux d'un champ, au-dessus de la gorge d'Argentelle; *Linaria pyrenaica* DC., sur les rochers de la même gorge; *Mentha candicans* Crantz, le long du ruisseau qui coule dans cette gorge, près du viaduc; *Arenaria controversa* Boiss. (M. Bras), pelouse, près la station du chemin de fer.

M. l'abbé Soulié m'a offert un bouquet de plantes qui n'est pas à dédaigner : *Erysimum confertum* Jord., *Echinaria capitata* Desf., *Thalictrum expansum* Jord., *Thesium humifusum* DC., *Ophioglossum vulgatum* L. Toutes ces plantes croissent près de la station ou autour du hameau de Bennac.

Je dois encore citer quelques autres espèces qui ne sont pas rares dans les pâturages pierreux, entre Bennac, Salles-la-Source et Mondalozac : *Ribes Uva crispa* L., *Sedum anopetalum* DC., *Micropus erectus* L., *Carlina acanthifolia* All., *Sambucus nigra* L., *Ægilops ovata* L.

Rodez, qui va être le terme de cet itinéraire, est à 10 kilomètres à l'E. Au lieu d'y arriver en ligne droite, il convient de faire un détour vers le S.-E., pour aller prendre les bords de l'Aveyron.

La prairie de Souyri a été défrichée ; on y chercherait en vain le *Gentiana Pneumonanthe* L., que j'y ai observé autrefois. Je n'ai qu'un fort petit nombre de plantes à indiquer autour d'Onet-le-Château : *Anemone Pulsatilla* L , *Ranunculus auricomus* L., dans le bois de la Pradarie ; *Xeranthemum cylindraceum* Sibth. et Sm., bord d'un chemin au S.-E. ; *Arenaria controversa* Boiss., pâturage du même côté ; *Vicia onobrychioides* L., champ cultivé, au-dessus du domaine de la Peyrinie.

Le calcaire de lias finit près de ce domaine : il est remplacé par le grès. La hauteur sur laquelle est bâtie la maison de campagne du Grand-Séminaire de Rodez, Saint-Joseph, appartient au grès infra-liasique. Le gneiss est au sud-est de la même hauteur. La végétation change d'aspect. Le genêt commun (*Sarothamnus scoparius* Koch), les bruyères (*Calluna vulgaris* Salisb., *Erica cinerea* L.) apparaissent déjà. Le *Papaver Argemone* L., le *Barbarea intermedia* Bor., et le *Viola gracilescens* Jord., se sont montrés une fois dans un champ près de la ferme du Grand-Séminaire, et le *Fumaria Vaillantii* Lois. a été trouvé dans un autre champ (calcaire), au Sud-Ouest. L'*Epipactis palustris* Crantz, les *Carex flava* L. et *Hornschuchiana* Hopp., viennent dans le pré qui est au-dessous du petit bois, et les *C. distans* L., *ampullacea* Good., *vesicaria* L., *hirta* L., dans les environs.

On trouve sur le tertre qui est à l'E. de Saint-Joseph, *Spiranthes autumnalis* L., *Orobanche cruenta* Bert., attaché aux racines du *Lotus corniculatus* L., *Myosotis strigulosa* Reichb. — Le *Cynoglossum officinale* L. et l'*Aspidium angulare* Kit. habitent la carrière située au haut de la vieille côte de Cayssiols, au S.-O. (grès infra-liasique). Le *Stellaria uliginosa* Murr. se tient près d'une petite source, sur la même côte.

Je dois encore signaler, en avançant vers Rodez, *Filago canescens* Jord., au pied du côteau ; *Anarrhinum bellidifolium* Desf., sur les rochers voisins du moulin de Bourran (gneiss) ; *Linaria vulgaris* Mœnch, au bord de l'Aveyron ; *Polygonum amphibium* (*terrestre*) L., sur la chaussée du moulin ; *Turritis glabra* L., au haut du côteau, derrière la chapelle du Petit-Séminaire de Saint-Pierre ; *Linaria arvensis* DC., du côté opposé, sur une muraille ; *Gentiana Pneumonanthe* L et *Veronica scutellata* L., dans un pré, au nord du Petit-Séminaire ; *Epilobium tetragonum* L , près du pont de l'Auterne ; *Trifolium gracile* Thuill. et *T. rubellum* Jord., sur la côte de la Chartreuse.

Le *Calamintha ascendens* Jord. est monté jusque sous les rochers de Tripadou, qui avoisinent le boulevard sud de Rodez, à une altitude de près de 600 mètres. Le bois de Madame est du côté opposé : c'est là que, aux premiers jours de Mars, le *Galanthus nivalis* L. (M. Valadier) montre ses timides fleurs en cloche penchée.

En se plaçant sur le boulevard qui est à l'E. de Rodez, on voit, au-delà de la vallée de l'Aveyron, le plateau (calc. du lias) de Sainte-Radegonde. En 1852, M. E. Mazuc découvrit sur ce plateau, dans l'étang d'Istournet (grès infra-liasique), une renoncule batracienne que je crois être le *Batrachium confusum* Godr. (sub *Ranunculo*). Le *B. divaricatum* Schrank, vit dans le même étang. J'ai observé, à l'extrémité du plateau au-dessus de la Guioule, une nouvelle station de l'*Avena fatua*, à glumelle inférieure glabre (*A. hybrida* Peterm.).

Les bords de l'Aveyron, qui fait le tour de la colline sur laquelle est bâti Rodez (gneiss, alt. 627$^{m}$), promettent aux botanistes d'excellentes récoltes. Je me contenterai de faire mention de celles que j'y ai faites près de Manhac, à 4 kilom. N.-E. de Rodez. Je citerai donc : dans les prés qui occupent la rive gauche de la rivière, *Fritillaria Meleagris* L., si justement nommé *le Damier*, qui y paraît une des premières, *Alopecurus pratensis* L., *Hordeum secalinum* Schreb., *Galium boreale* L., *Polygonum Bistorta* L.; au bord de la rivière, près de la passerelle, *Iris Pseudacorus* L., *Onobrychis sativa* Lam., *Sisymbrium asperum* L. et *Viburnum Opulus* L., qui y étale ses beaux corymbes ombelliformes, près de l'*Hesperis matronalis* L. qui, de son côté, y exhale ses doux parfums. Le côteau situé au-dessus du hameau de Manhac (grès bigarré) est presque stérile. Il nourrit cependant : *Festuca rigida* Kunth, *Trigonella monspeliaca* L., *Crucianella angustifolia* L., *Trifolium arvense* L., *Filago arvensis* L., *Ægilops triuncialis* L., *Podospermum laciniatum* DC., qui se tient au bord de la route, et enfin *Coronilla varia* L., qui croît dans le voisinage.

Le *Scirpus lacustris* L. est rare dans nos contrées; on le trouve néanmoins dans l'Auterne, à l'ouest de Rodez. On y trouve aussi *Sium angustifolium* L. et *Veronica Anagallis* L.

Le *Cheiranthus Cheiri* L. se fait remarquer au printemps sur les vieilles murailles de Rodez par sa fleur d'un jaune éclatant. Un *Erysimum* fort curieux, qui s'était réfugié dans l'enceinte du séminaire de théologie de cette ville, avait depuis longtemps fixé mon attention. Ne pouvant le rapporter ni à l'*E. cheiriflorum* Wallr., ni encore moins à l'*E. virgatum* Roth, je lui avais attribué provisoirement le nom de *E. confertum* Jordan (Diagnoses, etc., p. 151). Cette intéressante crucifère s'étant sans doute trop rapprochée des parterres que les jeunes séminaristes cultivent sur la terrasse de cet établissement, aura été traitée comme une étrangère sans valeur, et sera devenue, hélas ! victime de son indiscrétion : elle a disparu. Deux autres plantes, *Geranium pyrenaicum* L. et *Matricaria Chamomilla* L., vivent dans la même enceinte ; mais elles ont eu soin de se placer loin des parterres.

On aperçoit à l'ouest de Rodez, à la distance d'environ 4 kilomètres, le château de Floyrac. A côté de ce château se trouve le pacage appelé *devèze des bœufs*, où a été observé pour la première fois le *Senecio ruthenensis* Mazuc et Timbal.

En traçant cet itinéraire, j'ai voulu donner une idée de l'ensemble de la végétation du sud-ouest de la France. Et, tout en constatant la distribution naturelle des diverses espèces que j'ai eu occasion d'observer et qui vivent dans cette vaste région, j'ai, par le fait, mis en évidence le caractère que cette végétation prend successivement. La tâche que je m'étais imposée est remplie.

J'ai visité le plus grand nombre des localités que j'ai citées, et je n'ai admis le nom d'aucune plante sans l'avoir auparavant vue et soigneusement examinée. Toutes celles qui m'ont paru douteuses ou critiques, toutes celles qui exigent de nouvelles investigations ou de nouvelles études, ont été mises de côté.

Toutes les fois qu'une plante m'a été communiquée, j'ai eu soin de mettre entre parenthèses le nom de celui qui me l'a fournie ; mais cela ne me suffit pas, et je suis heureux de déposer ici l'expression de ma profonde reconnaissance envers tous ceux qui m'ont fait des communications ou qui m'ont aidé dans mes recherches.

---

Je termine mon travail par la description détaillée (et accompagnée d'une planche) de l'espèce nouvelle de renonculacée aquatique que j'ai signalée plus haut, et dont M. le Président de la Société Linnéenne a annoncé la découverte (par lettre du 26 juillet 1864) au *Comité des Sociétés savantes* établi près du ministère de l'Instruction publique (1).

(1) Malgré l'usage adopté par le Comité pour les communications des Sociétés savantes, l'annonce de ladite découverte n'a pas été reproduite dans le tome VI de la Revue publiée par ce Comité ; mais ma lettre officielle existe nécessairement dans les bureaux du Ministère, et fait foi pour la date de l'établissement de l'espèce. (*Note du Président de la Société Linnéenne de Bordeaux.*)

## BATRACHIUM LUTARIUM Nob.

Malgré la multiplication des espèces dans le règne végétal, dont on s'est déjà beaucoup plaint, j'ose encore en proposer une, qui me semble inédite. L'existence d'une espèce est un fait : il suffit de le constater, et l'existence de celle que je propose est, je crois, bien établie. Voici sa description, en latin et en français :

B. *Caule fistuloso, ramoso, repente, lutario, radicante, fibrillis radicalibus longis oppositifoliis humo affixo;* foliis reniformibus subrotundato-orbiculatis, *ferè ad medium usquè emarginatis, emarginaturæ marginibus distantibus vel approximatis, quandoquè ferè contiguis, 3-5 lobatis, lobis crenatis, plerumquè basi non contiguis; foliorum paginâ inferiore pilis adpressis parcè obsita, vel glabra; petiolis basi dilatatis, in vaginam membranaceam adhærentem auriculatam abeuntibus, subter foliis ad basin emarginaturæ insertis; pedunculis foliis brevioribus aut vix æqualibus; sepalis obtusis, scariosis, patentibus; petalis obovato-cuneatis, calice sesquiduplò circiter longioribus, albis, ad unguem flavis; carpellis numerosis, transversè rugosis, lateraliter compressiusculis, obovatis, carina inferiore valdè convexa, superiore verò ferè recta, versus rostellum convexiuscula, rugis sinuosis fractis curvulis; rostello mediocri obliquè adscendente, à media parte recurvo, sed, versùs maturitatem carpellorum plerumquè à medio curtato, paulò suprà extremitatem externam diametri longioris fructûs inserto; receptaculo sphærico* setoso. ◉ *Maio, Junio. In lutosis.*

La Teste (Gironde). Terrain limoneux, entre l'église et le monument Brémontier. 2 Juillet 1847, 15 Mai 1860 (M. Motelay), 24 Juin 1863.

Tige fistuleuse, rameuse, rampante, vivant dans le limon, radicante, attachée au sol par de longues fibrilles radicales, opposées aux feuilles; *celles-ci toutes réniformes,* un peu arrondies orbiculaires, émarginées presque jusqu'au milieu, à bords de l'échancrure tantôt éloignés tantôt rapprochés et presque contigus, lobés à 3-5 lobes crénelés, ordinairement *non contigus à la base;* surface inférieure des feuilles parsemée de quelques poils apprimés, ou glabre; pétioles dilatés à la base en une gaîne membraneuse, adhérente, auriculée, inserés en dessous des feuilles, à la base de l'échancrure; pédoncules plus courts que les feuilles, ou les égalant à peine; sépales obtus, scarieux, étalés; pétales obovales en coin, égalant deux fois et demi environ la longueur du calice, blancs, à onglet jaune; carpelles nombreux, ridés transversalement, latéralement un peu comprimés, obovales, à carène inférieure très-convexe, la supérieure presque droite, un peu convexe dans la partie qui avoisine le bec; rides sinueuses, brisées, un peu courbées; bec médiocre, obliquement ascendant, recourbé à partir du milieu, mais ordinairement écourté par le milieu à la maturité des carpelles, inséré un peu au-dessus de l'extrémité du grand diamètre; réceptacle sphérique, *hérissé de poils.* ◉ Mai, Juin. Terrain limoneux.

*Obs.* La présence des poils que l'on remarque quelquefois sur les sépales, sur les pédoncules, sur les pétioles et sur leurs oreillettes, ne m'a pas paru assez constante pour en faire mention.

---

## EXPLICATION DE LA PLANCHE

Fig. I. — BATRACHIUM LUTARIUM Revel.

*a.* Extrémité d'une tige.

*bbbbb.* Diverses feuilles prises sur cinq sujets différents, provenant de trois récoltes distinctes : 1847, 1860, 1863.

*c.* Carpelle grossi, vu de côté.

*d.* Carpelle grossi, vu de face.

*ee.* Réceptacles grossis, dépouillés de presque tous les carpelles, en conservant cependant quelques-uns avortés et déformés.

*f.* Fleur, de grandeur naturelle.

*g.* Pétales isolés.

Fig. II. — *a.* Feuilles du *Batrachium Lenormandi*, forme aquatique.

*b.* Carpelle de la même plante, grossi.

Fig. III. — Feuilles du *Batrachium Lenormandi*, forme terrestre.

Fig. IV. — Feuilles du *Batrachium hederaceum*.



Bordeaux. — Impr. de F. DEGRÉTEAU et Cie.

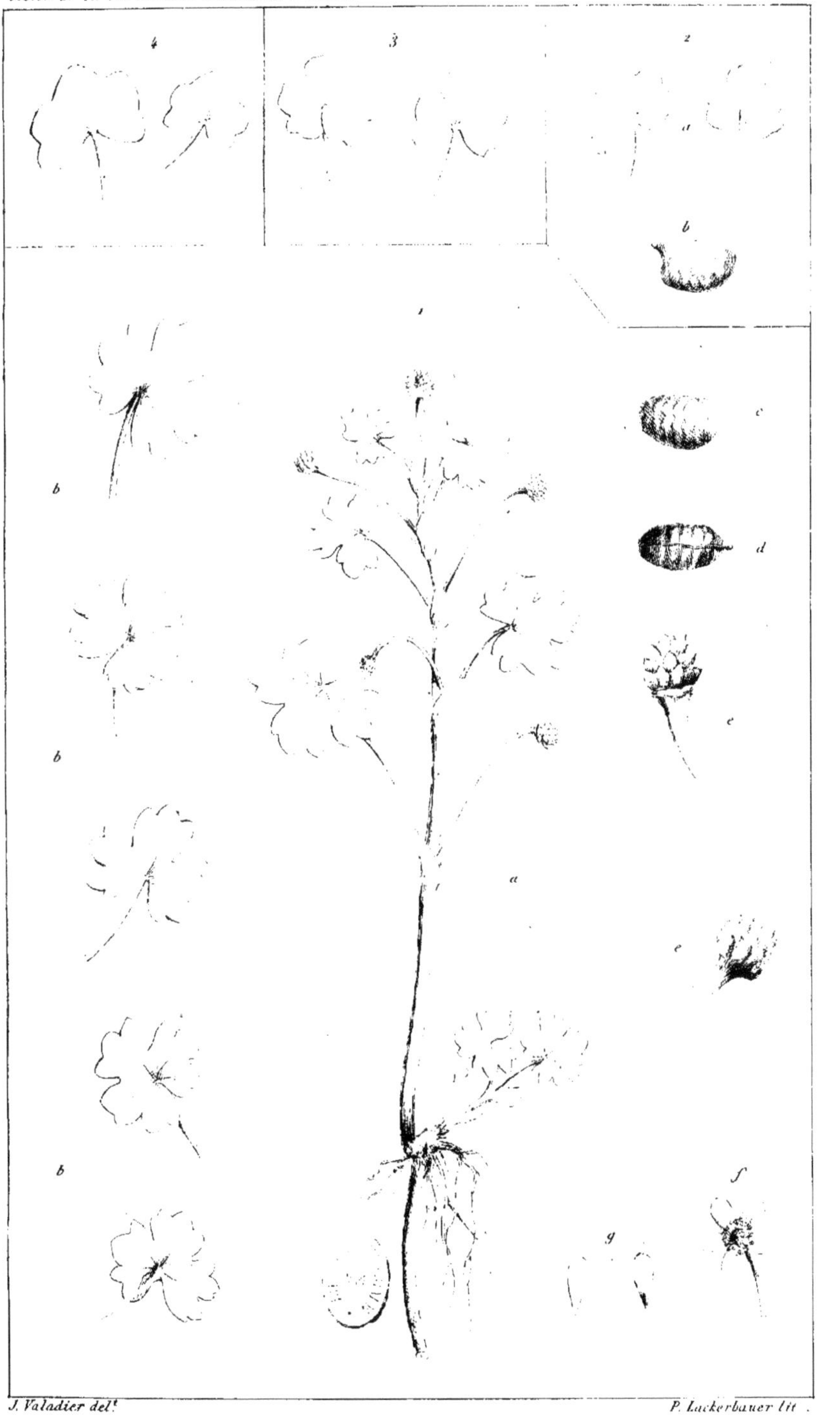

J. Valadier del.t P. Lackerbauer lit.

BATRACHIUM LUTARIUM *(Revel)*.

www.ingramcontent.com/pod-product-compliance
Ingram Content Group UK Ltd.
Pitfield, Milton Keynes, MK11 3LW, UK
UKHW022132260726
13993UKWH00003B/1380

9 782329 318769